职业教育机电类专业课程改革创新规划教材

机床电气线路安装与维修

杨杰忠　何局峰　邹火军　主编

电子工业出版社
Publishing House of Electronics Industry
北京·BEIJING

内 容 简 介

本书是依据《国家职业技能标准 维修电工》中级工的知识要求和技能要求，按照岗位培训需要的原则编写的。本书以任务驱动教学法为主线，以应用为目的，以具体的任务为载体，介绍了CA6140型普通车床电气控制线路安装与检修、M7130型平面磨床电气控制线路安装与检修、Z3040型摇臂钻床电气控制线路安装与检修、X62W万能铣床电气控制线路安装与检修、T68型卧式镗床电气控制线路安装与检修。

本书可作为技工院校、职业院校及成人高等院校、民办高校的机电技术应用专业、电气自动化专业、电气运行与控制等相关专业一体化教材，也可作为维修电工中级工的培训教材。

未经许可，不得以任何方式复制或抄袭本书之部分或全部内容。

版权所有，侵权必究。

图书在版编目（CIP）数据

机床电气线路安装与维修 / 杨杰忠，何局峰，邹火军主编. —北京：电子工业出版社，2015.8
职业教育机电类专业课程改革创新规划教材

ISBN 978-7-121-26731-4

I.①机… Ⅱ.①杨… ②何… ③邹… Ⅲ.①机床－电气设备－设备安装－中等专业学校－教材
②机床－电气设备－维修－中等专业学校－教材　Ⅳ.①TG502.34

中国版本图书馆 CIP 数据核字（2015）第 166708 号

策划编辑：张　凌
责任编辑：底　波
印　　刷：北京虎彩文化传播有限公司
装　　订：北京虎彩文化传播有限公司
出版发行：电子工业出版社
　　　　　北京市海淀区万寿路 173 信箱　邮编　100036
开　　本：787×1 092　1/16　印张：11.5　字数：288 字
版　　次：2015 年 8 月第 1 版
印　　次：2025 年 1 月第13次印刷
定　　价：28.00 元

凡所购买电子工业出版社图书有缺损问题，请向购买书店调换。若书店售缺，请与本社发行部联系，联系及邮购电话：（010）88254888，88258888。

质量投诉请发邮件至 zlts@phei.com.cn，盗版侵权举报请发邮件至 dbqq@phei.com.cn。

本书咨询联系方式：（010）88254583，zling@phei.com.cn。

前　言

为贯彻全国职业技术学校坚持以就业为导向的办学方针，实现以课程对接岗位、教材对接技能的目的，更好地适应"工学结合、任务驱动模式"教学的要求，满足项目教学法的需要，特编写此书。本书依据国家职业标准编写，知识体系由基础知识、相关知识、专业知识和操作技能训练 4 部分构成，知识体系中各个知识点和操作技能都以任务的形式出现。本书精心选择教学内容，对专业技术理论及相关知识并没有面面俱到，过分强调学科的理论性、系统性和完整性，但力求涵盖了国家职业标准中必须掌握的知识和具备的技能。

本书共分为五大模块，即 CA6140 型普通车床电气控制线路安装与检修、M7130 型平面磨床电气控制线路安装与检修、Z3040 型摇臂钻床电气控制线路安装与检修、X62W 万能铣床电气控制线路安装与检修、T68 型卧式镗床电气控制线路安装与检修。每个模块又划分为不同的任务。在任务的选择上，以典型的工作任务为载体，坚持以能力为本位，重视实践能力的培养；在内容的组织上，整合相应的知识和技能，实现理论和操作的统一，有利于实现"理实一体化"教学，充分体现了认知规律。

本书是在充分吸收国内外职业教育先进理念的基础上，总结了众多学校一体化教学改革的经验，集众多一线教师多年的教学经验和企业实践专家的智慧完成的，在编写过程中，力求实现内容通俗易懂，既方便教师教学又方便学生自学。特别是在操作技能部分，本书图文并茂，侧重于对电路安装完成后的学生自检过程、通电试车过程和故障检修内容的细化，以提高学生在实际工作中分析和解决问题的能力，实现职业教育与社会生产实际的紧密结合。

本书在编写过程中得到了广西柳州钢铁集团、上汽通用五菱汽车有限公司、柳州九鼎机电科技有限公司的同行们的大力支持，在此一并表示感谢。

由于编者水平有限，书中若有错漏和不妥之处，恳请读者批评指正。

编　者

目　录

模块 1 CA6140 型普通车床电气控制线路安装与检修

任务 1 认识 CA6140 型普通车床

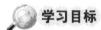 **学习目标**

知识目标：

1. 了解 CA6140 型普通车床的结构、作用和运动形式。
2. 熟悉构成 CA6140 型普通车床的操纵手柄、按钮和开关的功能。
3. 熟悉 CA6140 型普通车床的元器件的位置、线路的大致走向。

能力目标：

能进行 CA6140 型普通车床的基本操作及调试。

素质目标：

养成独立思考和动手操作的习惯，培养小组协调能力和互相学习的精神。

 工作任务

CA6140 型普通车床是一种工业生产中应用极为广泛的金属切削通用机床，如图 1-1-1 所示。在机床加工过程中，主要用于车削外圆、内圆、端面、螺纹、螺杆以及车削定型表面等。普通车床的控制是机械与电气一体化的控制，本次工作任务就是通过观摩操作，认识 CA6140 型普通车床。具体任务要求如下。

（1）识别 CA6140 型普通车床主要部件（主轴箱、主轴、进给箱、丝杠与光杆、溜板箱、溜板、刀架等），清楚元器件位置及线路布线走向。

（2）通过车床的切削加工演示，观察车床的主运动、进给运动及刀架的快速运动，主要观察各种运动的操纵、电动机的运转状态及传动情况。

（3）细心观察体会主轴与冷却泵之间的连锁关系。

（4）在教师指导下进行 CA6140 型普通车床启停、快速进给操作。

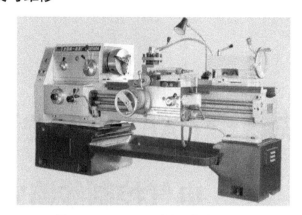

图 1-1-1　CA6140 型普通车床外形图

相关知识

一、CA6140 型普通车床的型号规格

CA6140 型普通车床的型号规格及含义如下：

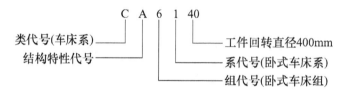

```
         C  A  6  1  40
类代号(车床系)                    工件回转直径400mm
  结构特性代号                   系代号(卧式车床系)
                              组代号(卧式车床组)
```

二、CA6140 型普通车床的主要结构及功能

CA6140 型普通卧式车床主要由主轴箱、进给箱、溜板箱、卡盘、方刀架、尾座、挂轮架、光杠、丝杠、大溜板、中溜板、小溜板、床身、左床座和右床座等组成，如图 1-1-2 所示。其主要结构及功能见表 1-1-1。

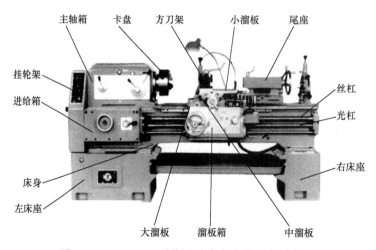

图 1-1-2　CA6140 型普通卧式车床外形与结构图

表 1-1-1 CA6140 型普通卧式车床主要结构及功能

序号	结构名称	主要功能
1	主轴箱	由多个直径不同的齿轮组成,实现主轴变速
2	进给箱	实现刀具的纵向和横向进给,并可改变进给速度
3	溜板箱	实现大溜板和中溜板手动或自动进给,并可控制进给量
4	卡盘	夹持工件,带动工件旋转
5	挂轮架	将主轴电动机的动力传递给进给箱
6	方刀架	安装刀具
7	大溜板	带动刀架纵向进给
8	中溜板	带动刀架横向进给
9	小溜板	通过摇动手轮使刀具纵向进给
10	尾座	安装顶尖、钻头和铰刀等
11	光杠	带动溜板箱运动,主要实现内外圆、端面、镗孔等切削加工
12	丝杠	带动溜板箱运动,主要实现螺纹加工
13	床身	主要起支撑作用
14	左床座	内装主轴电动机和冷却泵电动机、电气控制线路
15	右床座	内装冷却液

三、CA6140 型普通车床的主要运动形式及控制要求

CA6140 型普通车床的主要运动形式有切削运动、进给运动、辅助运动。进给运动是刀架带动刀具的直线运动;辅助运动有尾座的纵向移动、工件的夹紧与放松等。如图 1-1-3 所示是 CA6140 型普通车床的主要运动形式示意图。值得一提的是,车床在工作时,绝大部分功率消耗在主轴运动上。

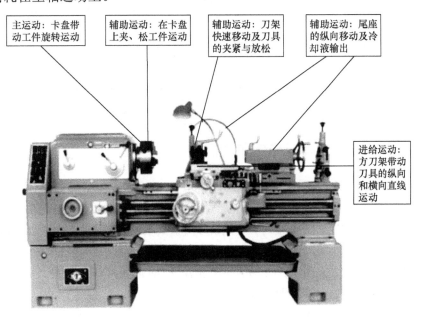

图 1-1-3 CA6140 型普通车床的主要运动形式示意图

四、CA6140 型普通车床的操纵系统

在操纵使用车床前，必须了解车床的各个操纵手柄的位置和用途，以免因操作不当而损坏机床，CA6140 型普通车床的操纵手柄及用途如图 1-1-4 及表 1-1-2 所示。

图 1-1-4　CA6140 型普通车床的操纵手柄系统示意图

表 1-1-2　CA6140 型普通车床操纵手柄功能表

编号	名称及用途	编号	名称及用途
1	主轴高、中、低挡手柄	14	尾台顶尖套筒固定手柄
2	主轴变速手柄	15	尾台紧固手柄
3	纵向正、反走刀手柄	16	尾台顶尖套筒移动手轮
4、5、6	螺距及进给量调整手柄、丝杠光杠、变换手柄	17	刀架纵向、横向进给控制手柄
7、8	主轴正、反转操纵手柄	18	急停按钮
9	开合螺母操纵手柄	19	主轴电机启动按钮
10	大溜板纵向移动手轮	20	电源总开关
11	中溜板横向移动手轮	21	冷却开关
12	方刀架转位、固定手柄	22	电源信号灯
13	小溜板纵向移动手柄	23	照明灯开关

五、CA6140 型普通车床电气传动的特点

（1）主驱动电动机选用三相笼型异步电动机，不进行电气调整。采用齿轮箱进行机械有级调速。为了减小振动，主驱动电动机通过几条 V 形皮带将动力传递到主轴箱。

（2）该型号的车床在车削螺纹时，主轴通过机械的方法实现主轴的正反转。

（3）刀架移动和主轴转动有固定的比例关系，以满足对螺纹加工的需要。

（4）车削加工时，由于刀具及工件温度过高，有时需要冷却，配有冷却泵电动机，在主轴启动后，根据需要决定冷却泵电动机是否工作。

（5）具有过载、短路、欠压和失压（零压）保护。

（6）具有安全可靠的机床局部照明装置。

 **任务准备**

实施本任务教学所使用的实训设备及工具材料见表 1-1-3。

表 1-1-3　实训设备及工具材料

序号	分类	名称	型号规格	数量	单位	备注
1	工具	电工常用工具		1	套	
2	仪表	万用表	MF47 型	1	块	
3		兆欧表	500V	1	只	
4		钳形电流表		1	只	
5	设备器材	CA6140 型普通车床		1	台	

 **任务实施**

一、认识 CA6140 型普通车床的主要结构和操作部件

通过观摩 CA6140 型普通车床实物与如图 1-1-2 所示的车床外形及结构图和如图 1-1-4 所示的操纵手柄示意图进行对照，认识 CA6140 型普通车床的主要结构和操作部件。

二、熟悉 CA6140 型普通车床的电气设备名称、型号规格、代号及位置

首先切断设备总电源，然后在教师的指导下，根据表 1-1-4 的电气元件明细表和如图 1-1-5 所示的元器件位置图熟悉 CA6140 型普通车床的电气设备名称、型号规格、代号及位置。

表 1-1-4　CA6140 型普通车床电气元件明细表

代号	名称	型号	规格	数量	用途
M1	主轴电动机	Y112M—4B3	4kW 、1450r/min	1	主轴及进给传动
M2	冷却泵电动机	AYB—25	90W、3000r/min	1	供冷却液
M3	快速移动电动机	AOS5634	250W、1360r/min	1	刀架快速移动
FR1	热继电器	JR36-20/3	15.4A	1	M1 过载保护
FR2	热继电器	JR36-20/3	0.32A	1	M2 过载保护
KM	交流接触器	CJ10-20	线圈电压 110V	1	控制 M1
KA1	中间继电器	JZ7-44	线圈电压 110V	1	控制 M2
KA2	中间继电器	JZ7-44	线圈电压 110V	1	控制 M3
SB1	急停按钮	LAY3-01ZS/1		1	停止 M1
SB2	启动按钮	LAY3-10/3.11		1	启动 M1
SB3	启动按钮	LA9		1	启动 M3
SB4	旋钮开关	LAY3-10X/20		1	控制 M2
SB	钥匙按钮	LAY3-01Y/2		1	电源开关锁
SQ1 SQ2	行程开关	JWM6-11		2	断电保护
FU1	熔断器	BZ001	熔体 6A	3	M2、M3 短路保护
FU2	熔断器	BZ001	熔体 1A	1	控制电路短路保护
FU3	熔断器	BZ001	熔体 1A	1	信号灯短路保护
FU4	熔断器	BZ001	熔体 2A	1	照明电路短路保护
HL	信号灯	ZSD-0	6V	1	电源指示
EL	照明灯	JC11	24V	1	工作照明

续表

代号	名称	型号	规格	数量	用途
QF	低压断路器	AM2-40	20A	1	电源开关
TC	控制变压器	JBK2-100	380V/110V/24V/6V	1	控制电路电源
XT0	接线端子板	JX2—1010	380V、10A、10 节	1	
XT1	接线端子板	JX2—1015	380V、10A、15 节	1	
XT2	接线端子板	JX2—1010	380V、10A、10 节	1	
XT3	接线端子板	JX2—1010	380V、10A、10 节	1	

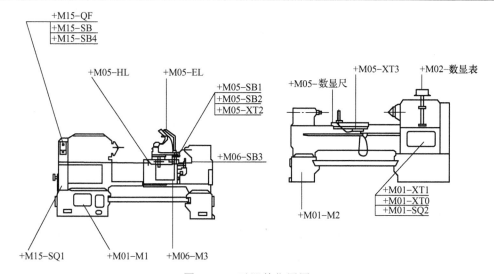

图 1-1-5　元器件位置图

位置图的识读方法是：代号表示在车床上的部位。例如，+M01 表示在车床的床身底座部位，+M01–M1 表示主轴电动机 M1 安装在车床的床身底座内；+M05–SB1 表示急停按钮 SB1 安装在车床的床鞍上。如图 1-1-5 所示元器件位置图的位置代号索引见表 1-1-5。

表 1-1-5　位置代号索引

序号	部件名称	代号	安装的元件
1	床身底座	+M01	–M1、–M2、–XT0、–XT1、–SQ2、–FR1、–FR1、–KM
2	床鞍	+M05	–HL、–EL、–XT0、–SB1、–SB2、–XT2、–XT3、数显尺
3	溜板	+M06	–M3、–SB3
4	传动带罩	+M15	–QF、–SB、–SB4、–SQ1
5	床身底座	+M01	KA1、KA2、FU1、FU2、FU3、FU4、TC

三、CA6140 型普通车床试车的基本操作方法和步骤

观察教师示范对 CA6140 型普通车床试车的基本操作方法和步骤。具体操作方法和步骤如下。

1. 开机前的准备工作

打开电气柜门，检查各电气元件安装是否牢固，各电器开关是否合上，接线端子上

的电线是否有松动的现象，把各电器开关合上，各接线端子与连接导线紧固后，关好电气柜门。

2．试机操作调试方法步骤

1）开机操作

合上电气柜侧面的总电源开关 QF，此时机床电气部分已通电。

2）主轴电动机的启动操作

按下启动按钮 SB2，交流接触器 KM 得电吸合并自锁，主轴电动机 M1 得电启动连续旋转。然后向上抬起机械操纵手柄，主轴立即正转（同时通过卡盘带动工件正向旋转），若向下压下机械操纵手柄，则主轴立即变为反转。

3）冷却泵电动机的启动操作

搬动 SB4 旋转开关至 I 位置，冷却泵启动，将 SB4 旋至 O 位置时，冷却泵停止。

4）主轴电动机的停止操作

按下 SB1 紧急停止按钮时，主轴电动机和冷却泵同时停止，机床处于急停状态。按照按钮上箭头方向（顺时针）旋转急停按钮 SB1，急停按钮将复位。

5）刀架快速移动电动机 M2 的启动操作

按下点动按钮 SB3，刀架快速移动电动机得电运转，带动刀架快速移动，实现迅速对刀。松开启动按钮 SB3，刀架快速移动电动机失电停转，刀架立即停止移动。

6）溜板的进给操作

首先根据加工需求，扳动丝杠、光杠变换手柄，然后再扳动进给操作手柄，实现大溜板的纵向进给或中溜板的横向进给。也可摇动进给手轮，实现各溜板的手动进给。

7）关机操作

如果机床停止使用，为了确保人身和设备安全，一定要关断电源开关 QF。

四、在教师的监控指导下，按照上述操作方法，学生分组完成对 CA6140 型普通车床的试车操作训练

由于学生不是正式的车床操作人员，因此，在进行试车操作训练时，可不用安装车刀和工件进行加工，只需按照上述的试车操作步骤进行试车，观察车床的运动过程即可。

操作提示

（1）在试车操作过程中，必须做好安全保护措施，如有异常情况必须立即切断电源。

（2）必须在教师的监护指导下操作，不得违反安全操作规程。

（3）分组操作时，操作过程中围观人数不得太多，以防止发生人身和设备安全事故。

检查评议

对任务的完成情况进行检查，并将结果填入任务测评表 1-1-6。

表 1-1-6　任务测评表

序号	主要内容	考核要求	评分标准	配分	扣分	得分
1	结构识别	（1）正确判断各操纵部件位置及功能 （2）正确判别电器位置、型号规格及作用	（1）对操作部件位置及功能不熟悉，每处扣 5 分 （2）对电器位置、型号规格及作用不清楚，每只扣 5 分	50		
2	开机操作	正确操作 CA6140 型普通车床	操作方法步骤错误，每次扣 10 分	50		
3	安全文明生产	（1）严格执行车间安全操作规程 （2）保持实习场地整洁，秩序井然	（1）发生安全事故扣 30 分 （2）违反文明生产要求视情况扣 5～20 分			
工时	60min		合　计			
开始时间			结束时间		成　绩	

问题及防治

学生在进行 CA6140 型普通车床试车操作过程中，时常会遇到如下问题。

问题：在进行刀架的快速移动操纵时，刀架及溜板的运动部件过于靠近卡盘或过于靠近尾座。

原因：对于初学者来说，在进行刀架的快速移动操纵时，当刀架及溜板的运动部件过于靠近车头或过于靠近尾座时，如果操纵有误，容易造成刀架及溜板的运动部件与车头或尾座相撞，损坏机床设备。

预防措施：在进行刀架的快速移动操纵时，应将刀架及溜板的运动部件置于行程的中间位置，以防刀架及溜板的运动部件与车头或尾座相撞，损坏机床设备。

知识拓展

一、电气系统的一般调试方法和步骤

1．试车前的检查

（1）用兆欧表（摇表）对电路进行测试，检查元器件及导线绝缘是否良好，相间或相线与底座之间有无短路现象。

（2）用兆欧表对电动机及电动机引线进行对地绝缘测试，检查有无对地短路现象。断开电动机三相绕组间的连接头，检查电动机引线相间绝缘，检查有无相间短路现象。

（3）用手转动电动机转轴，观察电动机转动是否灵活，有无噪声或卡阻现象。

（4）在带电动机进行试车前，应先按下启动按钮，观察交流接触器是否吸合；松开启动按钮后接触器能否自动保持，然后用万用表 500V 交流挡测量需要接电动机三相定子绕组的接线端子排上有无三相额定电压，是否缺相。如果电压正常，按下停止按钮，观察交流接触器是否断开。一切动作正常后，断开总电源，将电动机的三相定子绕组的引线接上。

2．试车

（1）合上总电源开关。

（2）先将左手手指触摸在启动按钮上，右手手指触摸在停止按钮上。然后按下启动按钮，电动机启动后，注意听和观察电动机有无异常声音及转向是否正确。如果有异常声音或转向不对，应立即按下停止按钮，使电动机断电。断电后，由于电动机因惯性仍然转动，此时，应注意观察是否有异常声音，若仍有异常声音，则可判定是机械部分的故障；若无异常声音，则可判定是电动机电气部分的故障。有噪声时应对电动机进行检修。如果电动机反转，则将电动机三相定子绕组电源进线中的任意两相对调即可。

（3）再次启动电动机前，应用钳形电流表卡住电动机三相定子绕组引线中的任意一根引线，测量电动机的启动电流。电动机的启动电流一般是电动机额定电流的 4～7 倍。值得一提的是，测量时，钳形电流表的量程应该超过这一数值的 1.2～1.5 倍，否则容易损坏钳形电流表，或造成测量数据不准确。

（4）电动机转入正常运转后，用钳形电流表分别测量电动机定子绕组的三相电流，观察三相电流是否平衡，空载和有负载时的电流是否超过额定值。

（5）如果电流正常，使电动机运行 30min，运行中应经常测试电动机的外壳温度，检查长时间运行中的温升是否太高或太快。

二、试验记录

（1）记录试验设备名称、位置，参加试验人员名单及试验日期等。

（2）工具、材料清单，如万用表、钳形电流表、兆欧表、导线和调压器等。

（3）试验中有关的图样、资料以及加工工件的毛坯。

（4）列出试验步骤。

（5）记录试验中出现的问题、解决方法以及更换的元器件。

（6）记录试验中所有的电气参数。

（7）试验过程中更改的元器件或控制线路要记录入档，并反映到有关图样资料中去。

任务 2　CA6140 型普通车床的读图分析、测绘和安装调试

 学习目标

知识目标：

1．了解 CA6140 型普通车床的读图方法。

2．掌握 CA6140 型普通车床电气线路的组成及工作原理。

能力目标：

1．能进行 CA6140 型普通车床的电气安装接线图和电气控制原理图的测绘。

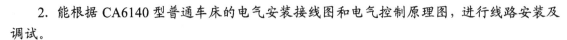

2. 能根据 CA6140 型普通车床的电气安装接线图和电气控制原理图，进行线路安装及调试。

素质目标：

养成独立思考和动手操作的习惯，培养小组协调能力和互相学习的精神。

 工作任务

在本模块任务 1 中，我们已初识了 CA6140 型普通车床的结构、运动形式、元器件的测绘和试车操作训练。本次任务的主要内容如下。

（1）能够通过如图 1-2-1 所示的 CA6140 型普通车床电气原理图，掌握绘制和识读机床电路图的基本知识及本电气线路的工作原理。

（2）能进行该车床的电气安装接线图和电气控制原理图的测绘。

（3）通过测绘出的电气原理图和电气安装接线图进行电气线路的安装工艺与调试。

 **相关知识**

一、CA6140 型普通车床电气控制线路分析

1. 绘制和识读机床电路图的基本知识

常用的机床电路一般比电气拖动基本环节电路复杂，为了便于读图分析、查找图中元器件及其触点的位置，机床电路图的表示方法有自己相应的特点，主要表现在以下几个方面。

1）用途栏

机床电路图的用途栏一般设置在电路图的上部，按照电路功能分为若干个单元，通过文字表述的形式将电路图中每部分电路在机床电气操作中的功能、名称等标注在用途栏内。如图 1-2-2 所示就是图 1-2-1 所示 CA6140 型普通车床电气原理图的识读示意图。从图中可以看出 CA6140 型普通车床的电路图按功能可分为电源保护、电源开关、主轴电动机、短路保护、冷却泵电动机、刀架快速移动电动机、控制电源变压器及短路保护、信号灯、指示灯、断电保护、主轴电动机控制、刀架快速移动和冷却泵控制 13 个单元。

2）图区栏

机床电路图的图区栏一般设置在电路图的下部，通常是一条回路或一条支路划为一个图区，并从左向右依次用阿拉伯数字编号标注在图区栏内。从图 1-2-2 所示的 CA6140 型普通车床电气原理图的识读示意图中可以看出电路图共划分为 12 个图区。

3）接触器触头在电路图中位置的标记

在电路图中每个接触器线圈的下方画有两条竖线，分成左、中、右三栏，其中左栏表示接触器主触头所在图区的位置，中栏表示辅助常开触头（动合触头）所在图区的位置，右栏表示辅助常闭触头（动断触头）所在图区的位置。对于接触器备而无用的辅助触头（常开或常闭），则在相应的栏区内用记号"×"标出或不标出任何符号。如表 1-2-1 所示就是图 1-2-1 所示的 CA6140 型普通车床电气原理图中接触器 KM 触头在电路图中位置的标记说明。

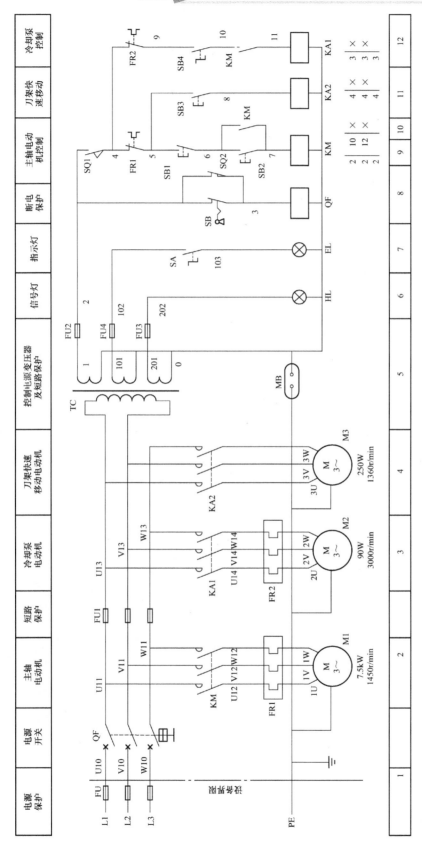

图 1-2-1　CA6140 型普通车床电气原理图

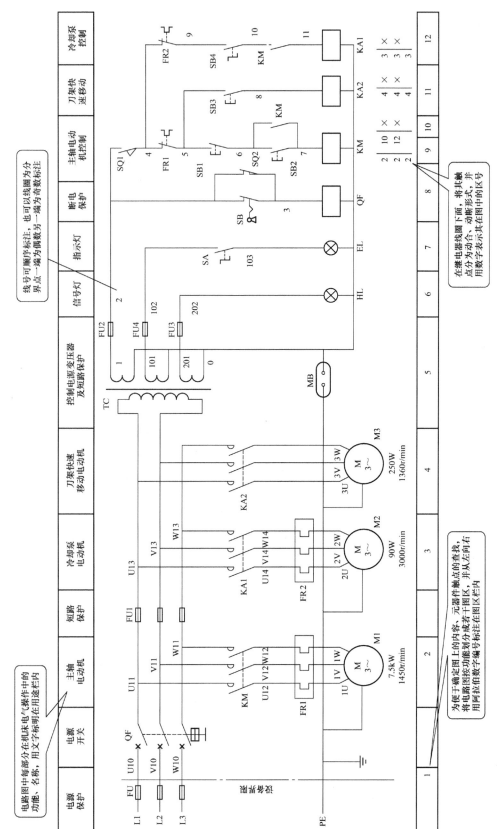

图 1-2-2　CA6140 型普通车床电气原理图的识读示意图

表 1-2-1　接触器 KM 触头在电路图中位置的标记说明

栏目	左栏	中栏	右栏
触头类型	主触头所处的图区号	辅助常开触头所处的图区号	辅助常闭触头所处的图区号
KM 2 ∣ 10 ∣ × 2 ∣ 12 ∣ × 2	表示接触器 KM 的 3 对主触头均在图区 2 的位置	表示接触器 KM 的一对辅助常开触头在图区 10 的位置，而另一端常开触头在图区 12 的位置	表示接触器的 2 对辅助常闭触头未用

4）继电器触头在电路图中位置的标记

与接触器触头在电路图中位置的标记不同的是，在电路图中每个继电器线圈的下方画有一条竖线，分成左、右两栏，其中左栏表示继电器常开触头（动合触头）所在图区的位置，右栏表示辅助常闭触头（动断触头）所在图区的位置。对于继电器备而无用的辅助触头（常开或常闭），也是在相应的栏区内用记号"×"标出或不标出任何符号。如表 1-2-2 所示就是图 1-2-1 所示的 CA6140 型普通车床电气原理图中中间继电器 KA1、KA2 触头在电路图中位置的标记说明。

表 1-2-2　中间继电器 KA1、KA2 触头在电路图中位置的标记说明

栏目	左栏	右栏
触头类型	常开触头所处的图区号	常闭触头所处的图区号
KA2 4 ∣ × 4 ∣ × 4	表示继电器 KA2 的 3 对常开触头在图区 4 的位置	表示继电器 KA2 的 2 对常闭触头未用
KA1 3 ∣ × 3 ∣ × 3	表示继电器 KA1 的 3 对常开触头在图区 3 的位置	表示继电器 KA1 的 2 对常闭触头未用

 操作提示

电路图中主电路的电动机的控制一般都是采用接触器控制，但读者从表 1-2-2 的继电器触头在电路图中位置的标记说明中可以看到中间继电器 KA2 和 KA1 分别有 3 对触头在图区 4 刀架快速移动电动机控制和图区 3 冷却泵电动机控制的主电路中，这是因为刀架快速移动电动机（250W）和冷却泵电动机（90W）的额定电流很小，均小于 5A，因此可以用中间继电器替代接触器进行控制。

2．CA6140 型普通车床的读图及线路分析

1）主电路

从图 1-2-1 所示的电气原理图和表 1-1-4 的电气元件明细表中可知，本机床的电源采用三相 380V 交流电源，并通过低压断路器 QF 引入，总电源短路保护用总熔断器 FU。主电路有 3 台电动机 M1、M2 和 M3，均为正转控制。其中主轴电动机 M1 的短路保护由低压断路器 QF 的电磁脱扣器来实现，而冷却泵电动机 M2 和刀架快速移动电动机 M3 以及控

制电源变压器 TC 一次侧绕组的短路保护由 FU1 来实现。主轴电动机 M1 和冷却泵电动机 M2 的过载保护则由各自的热继电器 FR1 和 FR2 来实现。

另外，机床的主轴电动机 M1 由交流接触器 KM 控制，带动主轴旋转和刀架做进给运动；冷却泵电动机 M2 由中间继电器 KA1 控制，输送切削冷却液；刀架快速移动电动机 M3 则由 KA1 控制，在机械手柄的控制下带动刀架快速做横向或纵向进给运动。主轴的旋转方向、主轴的变速和刀架的移动方向均由机械控制实现。

操作提示

机床电路的读图应从主电路着手，根据主电路电动机的控制形式，分析其控制内容，控制内容主要包括：电动机的启停方式、正反转控制、调速方法、制动控制和自动循环等基本控制环节。

2）控制线路

控制线路由控制变压器 TC 供电，控制电源电压 110V，由熔断器 FU2 做短路保护。

（1）机床电源引入控制如下。

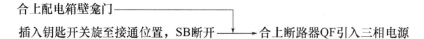

合上配电箱壁龛门 ────┐
插入钥匙开关旋至接通位置，SB断开 ──→ 合上断路器QF引入三相电源

操作提示

钥匙式开关 SB 和行程开关 SQ2 在车床正常工作时是断开的，断路器 QF 的线圈不通电，QF 能合闸。当打开电气控制箱壁龛门时，行程开关 SQ2 闭合，QF 线圈获电，断路器 QF 自动断开，切断车床的电源，以保证设备和人身安全。

（2）主轴电动机 M1 的控制。

主轴电动机 M1 的控制电路见图 1-2-1 中的第9、第10区所示。其控制过程如下。

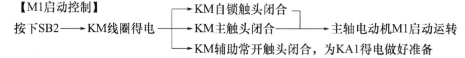

【M1启动控制】
　　　　　　　　　　　┌──→ KM自锁触头闭合 ──┐
按下SB2 ──→ KM线圈得电 ──→ KM主触头闭合 ────→ 主轴电动机M1启动运转
　　　　　　　　　　　└──→ KM辅助常开触头闭合，为KA1得电做好准备

【M1停车控制】

按下停止按钮 SB1 → KM 线圈失电→ KM 各触头恢复初始状态 → 主轴电动机 M1 失电停转。

操作提示

在正常工作时，行程开关 SQ1 的常开触头闭合，当打开床头皮带罩后，SQ1 的常开触头断开，切断控制电路电源，以确保人身安全。

（3）刀架快速移动电动机 M3 的控制。

刀架快速移动电动机 M3 的控制电路见图 1-2-1 中的第 11 区所示。从安全需要考虑，其控制电路是由安装在刀架快速进给操作手柄顶端的按钮 SB3 与中间继电器 KA2 组成的点动控制电路；当需要进行控制时，只要将进给操作手柄扳到所需移动的方向，然后按下按钮 SB3，KA2 得电吸合，电动机 M3 启动运转，刀架沿指定的方向快速接近或离开工件加工部位。

操作提示

由于刀架快速移动电动机 M3 是短时工作制，故未设过载保护。

（4）冷却泵电动机 M2 的控制。

冷却泵电动机 M2 的控制电路如图 1-2-1 中的第 12 区所示。从电路图中可以看出冷却泵电动机 M2 和主轴电动机 M1 在控制电路中采用了顺序控制的方式，因此只有当主轴电动机 M1 启动后（即 KM 的辅助常开触头闭合），再合上转换开关 SB4，中间继电器 KA1 才能吸合，冷却泵电动机 M2 才能启动。

操作提示

当 M1 停止运行或断开转换开关 SB4 时，M2 随即停止运行。

（5）照明、信号（指示）线路。

照明、信号（指示）线路如图 1-2-1 中的第 6、第 7 区所示。其控制电源由控制变压器 TC 的二次侧分别提供 6V 和 24V 交流电压，合上电源总开关 QF，电源指示信号灯 HL 亮，FU3 作为短路保护；若合上转换开关 SA，机床局部照明灯 EL 点亮，断开转换开关 SA，照明灯 EL 熄灭，FU4 作为短路保护。

操作提示

机床控制电路的读图分析可按控制功能的不同，划分成若干控制环节进行分析，采用"化零为整"的方法；在对各个控制环节进行分析时，还应特别注意各个控制环节之间的连锁关系，最后再"积零为整"对整体电路进行分析。

二、电气测绘的基本方法

电气测绘是根据现有的电气线路、机械控制线路和电气装置进行现场测绘，然后经过整理后绘出的安装接线图和线路控制原理图。电气测绘的基本方法主要包括以下几个方面。

1. 测绘前的准备

在测绘前，首先要全面了解测绘对象，了解原线路的控制过程、控制顺序、控制方法、布线规律、连接方式等内容，根据测绘需要准备相应的测量工具和测量仪器等。

2. 电气测绘的一般要求

（1）徒手绘制草图。

为了便于绘出线路的原理图，可对被测绘对象绘制安装接线示意图，即用简明的符号和线条徒手画出电气控制元件的位置关系、连接关系、线路走向等，可不考虑遮盖关系。

（2）测绘原则。

测绘时一般都是先测绘主线路，后测绘控制线路；先测绘输入端，再测绘输出端；先测绘主干线，再依次按接点测绘各支路；先简单后复杂，最后要一个回路一个回合地进行。

3. 电气测绘注意的事项

（1）电气测绘前要检查被测设备或装置是否有电，不能带电作业。确实需要带电测量的，必须采取必要的防范措施。

（2）要避免大拆大卸，对去掉的线头要做记号或记录。

（3）两人以上协同操作时，要注意协调一致，防止发生事故。

（4）由于测绘判断的需要，确定要开动机床或设备时，一定要断开执行元件或请熟练的操作工操作，同时需要有监护人负责监护。对于可能发生的人身或设备事故，一定要有防范措施。

（5）测绘中若发现有掉线或接线错误时，首先做好记录，不要随意把掉线接到某个电气元件上，应照常进行测绘工作，待原理图出来后再去解决问题。

任务准备

实施本任务教学所使用的实训设备及工具材料见表 1-2-3。

表 1-2-3　实训设备及工具材料

序号	分类	名称	型号规格	数量	单位	备注
1	工具	电工常用工具		1	套	
2		铅笔及测绘工具		1	套	
3	仪表	万用表	MF47 型	1	块	
4		兆欧表	500V	1	只	
5		钳形电流表		1	只	
6	设备器材	CA6140 型普通车床		1	台	

任务实施

一、CA6140 型普通车床的电气安装接线图和电气控制原理图的测绘

1. 测绘安装接线图

通过任务 1 中的图 1-1-5 所示的 CA6140 型普通车床元器件位置图可以知道，机床的电气控制在主轴转动箱的后下方，主轴控制在溜板箱正前方，刀架快速移动控制在中拖板右侧的操作手柄上，机床电源开关和冷却泵控制在机床的左前方。

测绘前，首先切断总电源（断开设备外部的总熔断器 FU）和断开电压断路器 QF，然后打开电气控制箱门，可看到机床控制配线板上各电器的位置分布，经试电笔验电并确认无电后，方可进行电气测绘。

测绘安装接线图时，应先绘制草图，然后再根据草图按照国标电气图形符号、文字代号及制图原则绘出标准的电气安装接线图。绘制草图时，先把机床所有的电器分布和位置画出来，然后将各电器上的连线的线号依次标注在图中，没有线号的万用表测量确认连接关系后补充新线号，这样就完成了草图的绘制。草图经整理后就绘出了如图 1-2-3 所示的 CA6140 型普通车床电气安装接线图。

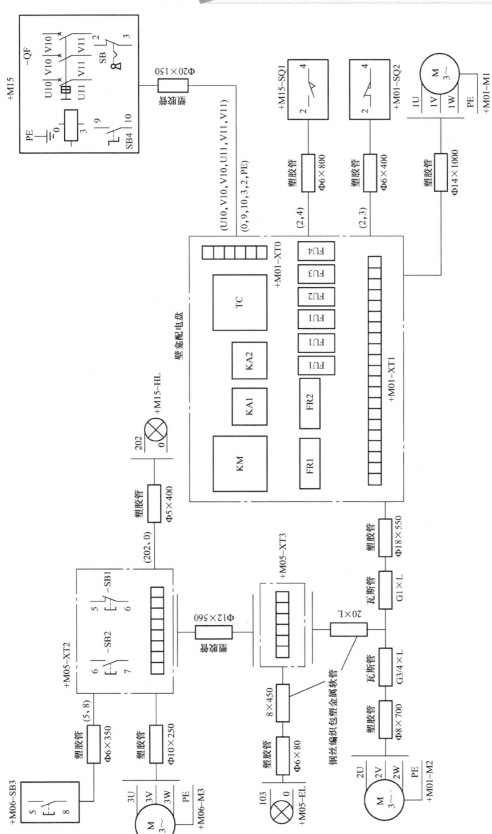

图 1-2-3　CA6140型普通车床电气安装接线图

操作提示

在测绘安装接线图时，要特别注意某些没有通过接线端子排的连线的测绘，不能遗漏。

2. 测绘主线路图

通过前面的测绘工作了解了机床整个线路走线的情况，然后就可以进行原理图主线路部分的测绘了。主线路的测绘应从电源引入端开始顺着主线往下查，查的顺序是从左到右。本机床的主线路测绘流程如下。

```
            三相电源
              │ L1,L2,L3
          总熔断器FU
              │ U10,V10,W10
          电源开关QF
              │ U11,V11,W11        熔断器FU1  U13,V13,W13
              ├────────────────────→
          接触器KM              中间继电器KA1              中间继电器KA2
              │ U12,V12,W12          │ U14,V14,W14              │ 3U,3V,3W
          热继电器FR1            热继电器FR2            刀架快速移动电动机M3
              │ 1U,1V,1W             │ 2U,2V,2W
          主轴电动机M1           冷却泵电动机M2
```

按照上面测绘流程的走线，用图形符号表示出来，就得到如图 1-2-4 所示的 CA6140 型普通车床电气主线路原理图。

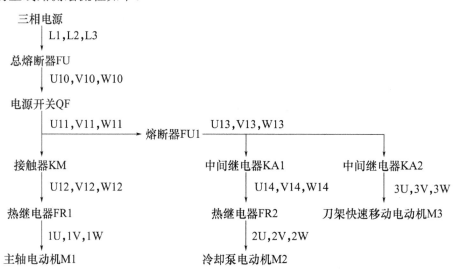
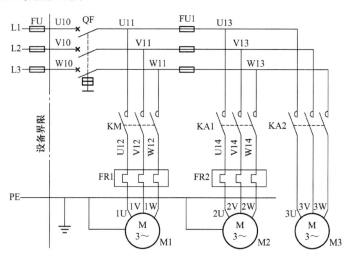

图 1-2-4　CA6140 型普通车床电气主线路原理图

3. 测绘控制线路图

控制线路的电源均是由控制变压器 TC 二次绕组提供的，因此测绘时的查线也要从控制变压器 TC 二次绕组开始进行查测。

1）测绘 0～6.3V 和 0～24V 绕组回路

（1）0～24V 绕组回路　照明灯电路测绘流程如下。

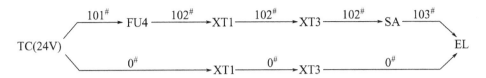

（2）0～6.3V 绕组回路　信号灯电路测绘流程如下。

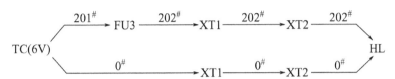

操作提示

在上述测绘流程中的"#"表示节点号。如 101# 表示 101 号线。

按照上面测绘流程的走线,用图形符号表示出来,就得到如图 1-2-5 所示的 CA6140 型普通车床电气信号灯及局部照明控制线路图。

2）测绘控制变压器 TC110V 绕组回路

该绕组回路是整个机床控制线路的核心,线路较复杂,测绘时以控制接触器为中心,箱两边测绘。

（1）主轴电动机 M1 控制线路的测绘。主轴电动机 M1 控制线路的测绘流程如下。

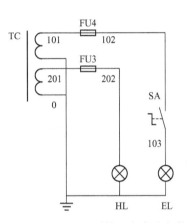

图 1-2-5　CA6140 型普通车床电气信号灯及局部照明控制线路图

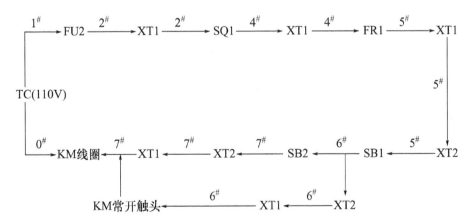

按照上面测绘流程的走线,用图形符号表示出来,就得到如图 1-2-6(a)所示的 CA6140 型普通车床主轴电动机控制线路图。

（2）刀架快速移动电动机 M2 控制线路的测绘。刀架快速移动电动机 M2 控制线路的测绘流程如下。

$$\text{XT2} \xrightarrow{5^\#} \text{SB3} \xrightarrow{8^\#} \text{XT2} \xrightarrow{8^\#} \text{KA2线圈} \xrightarrow{0^\#} \text{KM线圈} \xrightarrow{0^\#} \text{TC(110V)}$$

按照上面测绘流程的走线，用图形符号表示出来，就得到如图 1-2-6(b)所示的 CA6140 型普通车床刀架快速移动电动机控制线路图。

（3）冷却泵电动机 M3 控制线路的测绘。冷却泵电动机 M3 控制线路的测绘流程如下。

$$\text{FR2常闭触头} \xrightarrow{9^\#} \text{XT0} \xrightarrow{9^\#} \text{SB4} \xrightarrow{10^\#} \text{XT0} \xrightarrow{10^\#} \text{KM常开触头} \xrightarrow{11^\#}$$

$$\text{KA1线圈} \xrightarrow{0^\#} \text{KA2线圈} \xrightarrow{0^\#} \text{KM线圈} \xrightarrow{0^\#} \text{TC(110V)}$$

按照上面测绘流程的走线，用图形符号表示出来，就得到如图 1-2-6(c)所示的 CA6140 型普通车床冷却泵电动机控制线路图。

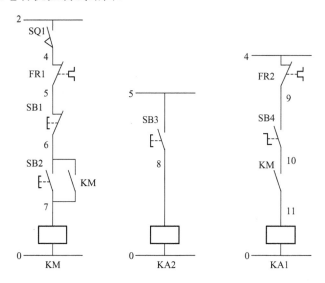

(a) 主轴控制线路　　(b) 刀架快速移动控制线路　　(c) 冷却泵控制线路

图 1-2-6　CA6140 型普通车床控制线路图

想一想

机床的断电保护控制线路如何测绘？请根据以上介绍的控制线路的测绘方法，写出断电保护控制线路测绘的流程，并将其转换成电气控制线路图。

二、CA6140 型普通车床的配线与安装

1. 电气配电板的制作

根据图 1-2-1 所示的电气原理图和图 1-2-7 所示的电气安装图进行电气配电板的制作。

（1）电气配电板的选料。

电气配电板可用 2.5～3mm 钢板制作，上面覆盖一张 1mm 左右的布质酚醛层压板，也可以将钢板涂以防锈漆。电气配电板的尺寸要小于配电柜门框的尺寸，同时也要考虑电气元件安装后电气配电板能自由进出柜门。

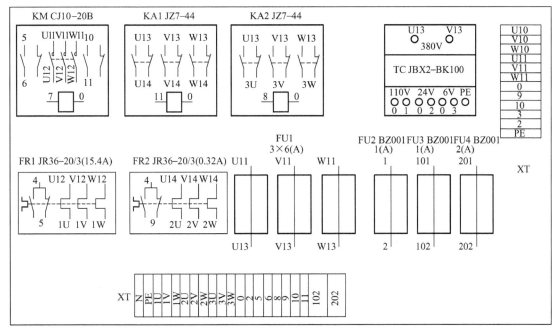

图 1-2-7 CA6140 型普通车床电气安装图

（2）电气配电板的制作。

先将所有的元器件备齐，然后在桌面上将这些元器件进行模拟排列。元器件布局要合理，总的原则是力求连接导线短，各电器排列的顺序应符合其动作规律。钢板要求无毛刺并倒角，四边呈 90°角，表明平整。用划针在底板上画出元器件的装配孔位置，然后拿开所有的元器件。校对每一个元器件的安装孔尺寸，然后钻中心孔、钻孔、攻螺纹，最后刷漆。

2. 元器件的安装

要求元器件与底板保持横平竖直，所有元器件在底板上要固定牢固，不得有松动现象。安装接触器时，要求散热孔朝上。

3. 连接主回路

主回路的连接导线一般采用较粗的 2.5mm^2 单股塑料铜芯线，或按照图样要求的导线规格进行接线。配线的方法及步骤如下。

（1）连接电源端子 U11、V11、W11 与熔断器 FU1 和接触器 KM 之间的导线。

（2）连接 KM 与热继电器 FR1 之间的导线。

（3）连接热继电器 FR1 与端子 1U、1V、1W 之间的导线。

（4）连接熔断器 FU1 与中间继电器 KA1、KA2 之间的导线。

（5）连接热继电器 FR2 与中间继电器 KA1 和端子 2U、2V、2W 之间的导线。同样连接好中间继电器 KA2 与端子 3U、3V、3W 之间的导线。

（6）全部连接好后检查有无漏线、接错现象。

4．连接控制回路

控制回路一般采用 1.5mm^2 单股塑料铜芯线，或按照图样要求的导线规格（如 1.5mm^2 的多股铜芯软线）进行接线。配线的方法及步骤如下。

（1）连接控制电源变压器 TC 与熔断器 FU2、FU3、FU4 之间的导线。

（2）连接热继电器 FR1 与 FR2 之间的连线和与接线端子 XT 之间的导线。

（3）连接接触器 KM 线圈与辅助常开触头和接线端子 XT 之间的导线。

（4）连接中间继电器 KA1 线圈与接触器 KM 辅助常开触头和接线端子 XT 之间的导线。

（5）连接中间继电器 KA2 线圈与接线端子 XT 之间的导线。

（6）分别连接熔断器 FU2、FU3、FU4 与接线端子 XT 之间的导线。

（7）分别连接 KM、KA1、KA2、QF、HL 和 EL 的工作地线，并分别与控制电源变压器 TC 和端子 XT 连接好。

5．电气配电板接线检查

（1）检查布线是否合理、正确，所有接线螺钉是否拧紧、牢固，导线是否平直、整齐。

（2）对照电气原理图及接线安装图，详细检查主回路和控制回路各部分接线、电气编号等有无遗漏或错误现象，如有应予以纠正。一切就绪后即可进行安装。

6．机床的电气安装

1）电动机的安装

电动机的安装一般采用起吊装置，先将电动机水平吊起至中心高度并与安装孔对正，装好电动机与齿轮箱的连接件并相互对准，吊装方法如图 1-2-8 所示。再将电动机与齿轮连接件啮合，对准电动机安装孔，旋紧螺栓，最后撤去起吊装置。

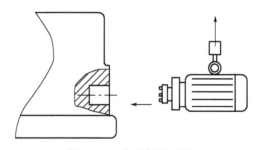

图 1-2-8　电动机的吊装

 操作提示

在进行电动机吊装时应在教师的指导下与机械装配人员配合完成，并注意安全。另外，如果是在原有的机床上进行，电动机已事先装好，该步骤可省略。

2）限位开关的安装

（1）安装前检查限位开关 SQ1、SQ2 是否完好，即用手按压或松开触头，听开关动作和复位的声音是否正常。检查限位开关支架和撞块是否完好。

（2）安装限位开关时要将限位开关位置放置在撞块安全撞压区内（撞块能可靠撞压开关，但不能撞坏开关），固定牢固。

3）敷设接线

敷设的连接线包括板与按钮、板与限位开关、板与电动机、板与照明灯和信号灯等之间的连线。连接线的过程如下。

（1）测量距离。测量要连接部件的距离（要留有连接余量及机床运动部件的运动延伸长度），裁剪导线（选用塑料绝缘软铜线）。

（2）套保护套管。机床床身上各电气部件间的连接导线必须用塑料套管保护。

（3）敷设连接线。将连接导线从床身或穿线孔穿到相应的位置，在两端临时把套管固定。之后，用万用表校对连接线，套上号码管。校对方法如图 1-2-9 所示。确认某一根导线作为公共线，剥出所有导线芯，将一端与公共线搭接，用 R×1 的电阻挡测量另一端。测完全部导线，并在两端套上号码管。

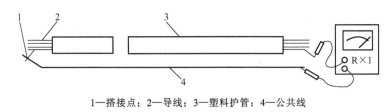

1—搭接点；2—导线；3—塑料护管；4—公共线

图 1-2-9　校对方法

4）电气控制板的安装

安装电气控制板时，应在电气控制板和控制箱壁之间垫上螺母和垫片，以不压迫连接线为宜。同时将连接线从接线端子排一侧引出，便于机床的电气连接。

5）机床的电气连接

机床的电气连接主要是电气控制板上的接线端子排与机床上各个电气部件之间的连接，如按钮、限位开关、电动机、照明灯和信号灯等，形成一个整体系统。它的总体要求是安全、可靠、美观、整齐。具体要求如下。

（1）机床上的电气元件上端子的接线可用剥线钳剪切出适当的长度，剥出接线头（不宜太长，取连接时的压接长度即可），除锈，然后镀锡，套上号码管，接到接线端子上用螺钉拧紧即可。

（2）由于电气控制板与机床电气之间的连线采用的是多股软线，因此对成捆的软导线要进行绑扎，要求整齐美观；所有接线应连接可靠，不得松动。安装完毕后，对照原理图和安装接线图认真检查，有无错接、漏接现象。经教师检查验证正确无误后，则将按钮盒安装就位，关上电气箱的门，即可准备试车。

三、CA6140 型普通车床的调试

1. 调试前的准备

1）图样、资料

将有关 CA6140 型普通车床的图样和安装、使用、调试说明书准备好。

2）工具、仪表

将电工工具、兆欧表、万用表和钳形电流表准备好。

3）电气元件的检查

（1）测量电动机 M1、M2、M3 绕组间、对地绝缘电阻是否大于 0.5MΩ，否则要进行浸漆烘干处理；测量线路对地电阻是否大于 3MΩ。检查电动机是否转动灵活，轴承有无缺油等异常现象。

（2）检查低压断路器、熔断器是否和电气元件明细表一致，热继电器调整是否合理。

（3）检查主回路、控制回路所有电气元件是否完好、动作是否灵活，有无接错、掉线、漏接和螺钉松动现象；接地系统是否可靠。

4）检查是否短路

检查是否短路的方法及步骤如下。

（1）检查主回路。断开电源和控制电源变压器 TC 的一次绕组，用兆欧表测量相与相之间、相对地之间是否有短路或绝缘损坏现象。

（2）检查控制回路。断开控制电源变压器 TC 的二次回路，用万用表 R×1Ω 挡测量电源线与零线或保护性 PE 之间是否短路。

5）检查电源

接通试车电源，用万用表检查三相电源电压是否正常。拔去控制回路的熔断器，接通机床电源开关，观察有无异常现象，如打火、冒烟、熔丝断等；是否有异味；检测电源控制电源变压器 TC 输出电压是否正常。若有异常，应立即关断机床电源，再切断试车电源，然后进行检查处理。若检查一切正常，可开始机床电气的整体调试。

2．机床电气的调试

1）控制回路的试车

先将电动机 M1、M2、M3 接线端的接线断开，并包好绝缘，然后在教师的指导下，按下列试车调试方法和步骤进行操作。

（1）先合上低压断路器 QF，检查熔断器 FU1 前后有无 380V 电压。

（2）检查电源控制变压器 TC 一次和二次绕组的电压是否分别为 380V、24V、6.3V 和 110V。再检查 FU2、FU3 和 FU4 后面的电压是否正常。电源指示灯 HL 应该亮。

（3）按下启动按钮 SB2，接触器 KM1 应吸合，按下停止按钮 SB1，接触器 KM1 应释放。在操作过程中，要注意观察接触器有无异常响声。

（4）采用同样的方法按下按钮 SB3，观察中间继电器 KA2 是否动作正常和有无异常响声。

（5）按下启动按钮 SB2 后接通冷却泵旋钮开关 SB4 可观察中间继电器 KA1 的情况。

（6）接通照明旋钮开关 SA，照明灯 EL 亮。

2）主回路通电试车

在控制回路通电调试正常后方可进行主回路的通电试车。为了安全起见，首先断开机械负载，分别连接电动机与接线端子 1U、1V、1W、2U、2V、2W、3U、3V、3W 之间的连线；然后按照控制回路试车中的第（3）至第（6）项的顺序进行试车。检查主轴电动机 M1、冷却泵电动机 M2 和刀架快速移动电动机 M3 运转是否正常。试车的内容包括以下几个方面。

（1）检查电动机旋转方向是否与工艺要求相同。检查电动机空载电流是否正常。

（2）经过一段时间的试运行，观察、检查电动机有无异常响声、异味、冒烟、振动和温升过高等异常现象。

（3）让电动机带上机械负载，然后按照控制回路试车中的第（3）至第（6）项的顺序进行试车。检查能否满足工艺要求而动作，并按最大切削负载运转。检查电动机电流是否超过额定值。观察、检查电动机有无异常响声、异味、冒烟、振动和温升过高等异常现象。

以上各项调试完毕后，全部合格才能验收，交付使用。

操作提示

在实施电气线路的安装与调试时应特别注意以下几个方面的内容。

（1）电动机和线路的接地要符合要求。严禁采用金属作为接地通道。

（2）在电气控制箱外部敷设连接线时，导线必须穿在导线通道或敷设在机床底座内的导线通道里或套管内，导线的中间不允许有接头。

（3）在进行刀架快速移动调试时，要注意将运动部件置于行程的中间位置，以防运动部件与车头或尾座相撞，造成设备和人身事故。

（4）在进行试车调试时，要先合上电源开关，再按下启动按钮；停车时，要先按停止按钮，后断开电源开关。

（5）在进行通电试车调试时必须在教师的监护下进行，必须严格遵守安全操作规程。

操作提示

在实施本任务中的电气配电板的制作、线路安装和调试的实训时，读者可根据自己的实际情况进行，若受现场安装调试条件限制也可按照图 1-2-7 所示的电气安装图，选用木质材料的模拟电气配电板进行板前配线安装和调试技能训练。在模拟电气配电板上进行训练的具体安装与调试步骤及工艺要求可参照表 1-2-4 中的内容实施。

表 1-2-4　CA6140 普通车床控制线路的安装与调试

安装步骤	工艺要求
第一步　选配并检验元件和电气设备	（1）按照电气原理图和任务 1 中的表 1-1-4 的电气元件明细表配齐电气设备和元件，并逐个检验其规格和质量 （2）根据电动机的容量、线路走向及各元器件的安装尺寸，正确选配导线的规格、数量、接线端子排、配电板、紧固体等
第二步　在控制配电板上固定电气元件，并在电气元件附近做与电路图上相同代号的标记	元器件安装整齐、合理、牢固、美观
第三步　在控制配电板上进行硬线板前配线，并在导线的端部套上号码管	按照板前配线的工艺要求进行配线
第四步　进行控制配电板以外的元件固定和连线	合理选择导线的走向，并在各线头上套上与电路图相同的线号套管
第五步　自检	按照试车前的准备和检查方法分别对主电路和控制回路进行通电试车前的检查
第六步　通电调试	安装机床通电调试步骤进行通电调试

检查评议

对任务的完成情况进行检查，并将结果填入任务测评表 1-2-5。

表 1-2-5　任务测评表

序号	主要内容	考核要求	评分标准	配分	扣分	得分
1	电气测绘	测绘出电气安装接线图和电气原理图	(1)按照机床电气测绘的原则、方法和步骤进行电气测绘，并测绘出电气安装接线图和电气原理图，不按规定做扣5～10分 (2)测绘出的电气安装接线图和电气原理图正确，图形符号和文字符号标注规范，符号标注错误，每个扣1分；线路图不正确，每项扣5分。直到扣完本项分数	20		
2	安装前的检查	电气元件的检查	电气元件漏检或错检每处扣2分	5		
3	电气线路安装	根据电气安装接线图和电气原理图进行电气线路的安装	(1)电气元件安装合理、牢固，否则每个扣2分，损坏电气元件每个扣10分，电动机安装不符合要求每台扣5分 (2)板前配线合理、整齐美观，否则每处扣2分 (3)按图接线，功能齐全，否则扣20分 (4)控制配电板与机床电气部件的连接导线敷设符合要求，否则每根扣3分 (5)漏接接地线扣10分	35		
4	通电试车	按照正确的方法进行试车调试	(1)热继电器未整定或整定错误每只扣5分 (2)通电试车的方法和步骤正确，否则每项扣5分 (3)试车不成功扣30分	30		
5	安全文明生产	(1)严格执行车间安全操作规程 (2)保持实习场地整洁，秩序井然	(1)发生安全事故扣30分 (2)违反文明生产要求视情况扣5～10分	10		
工时	12h	其中控制配电板的板前配线5h，上机安装与调试7h；每超过5min扣5分	合　计			
开始时间			结束时间		成　绩	

问题及防治

学生在进行 CA6140 型普通车床电气测绘和线路安装与调试的过程中，时常会遇到如下问题。

问题 1：在测绘过程中，当发现有掉线或接线错误时，随意把掉线接到某个电气元件上，或者是干脆放弃测绘。

原因：当发现有掉线或接线错误时，随意把掉线接到某个电气元件上，会影响测绘的准确性。

预防措施：在测绘过程中当发现有掉线或接线错误时，应首先做好记录，不要随意把掉线接到某个电气元件上，应照常进行测绘工作，待原理图出来后再去解决问题。

问题 2：在测绘过程中测绘的顺序混乱，无条理性。

原因：测绘前没有认真阅读测绘原则，违反测绘原则，使测绘工作复杂化，事倍功半，同时还会影响测绘的准确性。

预防措施：在测绘前应熟悉电气测绘的基本原则和方法，测绘时一般都是先测绘主线路，后测绘控制线路；先测绘输入端、再测绘输出端；先测绘主干线，再依次按接点测绘各支路；先简单后复杂，最后要一个回路一个回合地进行。

问题 3：在进行电气控制箱中的控制配电板与控制箱外部的机床电气部件的穿管连线时，测量距离不够准确，所留导线的余量不够，在管内进行导线加长的连接。

原因：在进行电气控制箱中的控制配电板与控制箱外部的机床电气部件的穿管连线时，如果中间有接头，一旦绝缘损坏容易造成短路故障和漏电现象，容易造成触电事故。

预防措施：在电气控制箱外部进行敷设连接线时，导线必须穿在导线通道或敷设在机床底座内的导线通道里或套管内，导线的中间不允许有接头。如果由于测量距离不够准确，所留导线的余量不够时，应重新更换导线。

 **知识拓展**

一、常见维修电工图的种类和用途

1. 系统图和框图

系统图和框图是用符号或带注释的框表示系统、分系统、成套装置或设备的基本组成、相互关系及主要特征的一种简图。

过程与信息的流向由左至右或从上至下，并辅以粗细不一的连接线以示区别。开口箭头用于表示控制信号流向，实心箭头表示过程的流向。

2. 电路图

电路图是用图形符号绘制的，并按工作顺序排列，详细表示电路、设备或成套装置的全部基本部分和连接关系的简图。

通常将主电路与辅助电路分开，主电路用粗实线画在辅助电路的左边或上部，以细实线将辅助电路画在其右边或下部。

3. 接线图

接线图是用符号将成套装置、设备或装置的内、外部各种连接关系的一种简图。它表示电气元件的实际安装位置，实际配线方式。以粗实线画主回路，以细实线画辅助回路。

二、识图的基本步骤

1. 看图样说明

以图样说明可以了解图样的大体情况，抓住识图重点。

2．看电气原理图

看电气原理图时，要分清主线路和辅助电路，交流电路和直流电路。顺次看各条回路，并分析各条回路元件的工作情况及其对主线路的控制关系。

3．看安装接线图

回路的标号是电气元件间导线连接的标记，标号相同的导线原则上都是可以接到一起的。看安装接线图时，要与电气原理图对照起来识读。同样是先看主电路，再看辅助电路。

三、控制配电板的安装与接线

（1）控制箱内外所有电气设备和电气元件的编号，必须与电气原理图上的编号完全一致。安装和检查时都要对照原理图进行。

（2）安装接线时为了防止差错，主、辅电路要分开先后接线，控制线路应一个回路一个回路地接线，安装好一部分，检测一部分，这样就可以避免在接线中出现差错。

（3）接线时要注意，不可把主电路用线和辅助电路用线搞错。

（4）为了使今后不致因一根导线损坏而全部更新导线，在导线穿管时，应多穿 1～2 根备用线。

（5）配电板明配线时要求线路整齐美观，导线去向清楚，便于查找故障。当板内空间较大时，可采用塑料线槽配线方式。塑料线槽布置在配电板四周和电气元器件上下。塑料线槽用螺钉固定在底板上。

（6）配电板暗配线时，在每一个电气元件的接线端处钻出比连接导线外径略大的孔，在孔中插进塑料套管即可穿线。

（7）连接线的两端根据电气原理图或接线图套上相应的线号。线号的材料有：用压印机压在异型塑料管上的编号；印有数字或字母的白色塑料套管；人工书写的线号。

（8）根据接线端子的要求，将剥削绝缘的线头按螺钉拧紧方向弯成圆环（线耳）或直接接上，多股线压头处应镀上焊锡。

（9）在同一接线端子上压两根以上不同截面导线时，大截面放在下层，小截面放在上层。

（10）所有压接螺栓需配置镀锌的平垫圈、弹簧垫圈，并要牢固压紧，以防止松动。

（11）接线完毕，应根据原理图、接线图仔细检查各元件与接线端子之间及它们相互之间的接线是否正确。

任务3　CA6140型普通车床主轴控制线路电气故障检修

学习目标

知识目标：

1．了解机床检修的一般方法和步骤。

2. 掌握主轴电动机电气控制线路常见电气故障的分析和检测方法。

能力目标：

能熟练检修 CA6140 型普通车床主轴电动机电气控制线路的常见故障。

素质目标：

养成独立思考和动手操作的习惯，培养小组协调能力和互相学习的精神。

 工作任务

常用的机床电气设备在运行的过程中产生故障，会导致设备不能正常工作，这不但影响生产效率，严重时还会造成人身或设备事故。机床电气故障的种类繁多，同一种故障症状可能有多种引起故障的原因；而同一种故障原因又可能有多种故障症状的表现形式。快速排除故障，保持机床电气设备的连续运行是电气维修人员的职责，也是衡量电气维修人员水平的标志。机床电气故障无论是简单的还是复杂的，在进行检修时都有一定的规律和方法可循。

本次任务的主要内容是：通过 CA6140 型普通车床主轴电动机控制线路常见电气故障的分析与检修，掌握常用机床电气设备的维修要求、检修方法和维修的步骤，同时能熟练地使用量电法（电压法、验电笔测试法）、电阻法（通路法）检测故障。

 **相关知识**

一、电气设备维修的一般要求

对电气设备维修的要求一般包括以下几个方面。

（1）检修时，所采取的维修步骤和方法必须正确，切实可行。

（2）检修时，不得损坏完好的元器件。

（3）检修时，不得随意更换元器件及连接导线的型号及规格。

（4）检修时，应保持原有线路的完好性，不得擅自改动线路。

（5）检修时，若不小心损坏了电气装置，在不降低其固有性能的前提下，对损坏的电气装置应尽量修复使用。

（6）检修后的电气设备的各种保护性能必须满足使用的要求。

（7）检修后的电气绝缘必须合格，通电试车能满足电路要求的各种功能，控制环节的动作程序符合控制要求。

（8）检修后的电气装置必须满足其质量标准。电气装置的检修质量标准如下。

① 检修后的电气装置外观整洁，无破损和碳化现象。

② 电气装置和元器件所有的触点均应完整、光洁，并接触良好。

③ 电气装置和元器件的压力弹簧和反作用弹簧具有足够大的弹力。

④ 电气装置和元器件的操纵、复位机构都必须灵活可靠。

⑤ 各种电气装置的衔铁运动灵活，无卡阻现象。

⑥ 带有灭弧装置的电气装置和元器件，其灭弧罩必须完整、清洁，安装牢固。

⑦ 电气装置的整定数值大小应符合电路使用的要求，如热继电器、过流继电器等。

⑧ 电气设备的指示装置能正常发出信号。

二、电气设备的日常维护和保养

电气设备的日常维护和保养主要包括电动机和控制设备的日常维护和保养。加强对电气设备的日常检查、维护和保养，及时发现一些非正常因素，并及时进行修复和更换处理，将故障消灭在萌芽状态，这是减低故障造成的损失和增加电气设备连续运转周期，保证电气设备正常运行的有效措施。

1. 电动机的日常维护

电动机是机床设备实现电力拖动的核心部分，因此在日常检查和维护中显得尤为重要。在电动机的日常检查和维护时应做到：电动机表面清洁，通风气畅，运转声音正常，运行平稳，三相定子绕组的电流平衡，各相绕组之间的绝缘电阻和绕组对外壳的绝缘电阻应大于 0.5MΩ，温升正常，绕线式电动机和直流电动机电刷下的火花应在允许的范围内。

2. 控制设备的日常维护保养

控制设备日常维护保养的主要内容包括以下几个方面。

（1）控制设备操纵台上的所有操纵按钮、主令开关的手柄、信号灯及仪表护罩都应保持清洁完好。

（2）控制设备上的各类指示信号装置和照明装置应完好。

（3）电气柜的门、盖应关闭严密，柜内保持清洁、无积尘和异物，不得有水滴、油污和金属切屑等，以免损坏电器造成事故。

（4）接触器、继电器等电器的吸合良好，无噪声、卡阻和迟滞现象。触头接触面有无烧蚀、毛刺或穴坑；电磁线圈是否过热；各种弹簧弹力是否适当；灭弧装置是否完好无损；等等。

（5）试验位置开关能否起到限位保护作用，各电器的操作机构是否灵活可靠。

（6）控制设备各线路接线端子连接牢靠，无松脱现象。同时各部件之间的连接导线、电缆或保护导线的软管不得被切削液、油污等腐蚀。

（7）电气柜及导线通道的散热情况应良好。

（8）控制设备的接地装置必须可靠。

三、电气设备的维护保养周期

对设置在电气柜（配电箱）内的电气元件，一般不需要经常进行开门监护，主要靠日常定期的维护和保养来实现电气设备较长时间的安全稳定运行。其维护保养周期应根据电气设备的构造、使用情况及环境条件等来确定。在进行电气设备的维护保养时，一般可配合生产机械的一、二级保养同时进行，其保养的周期及内容见表 1-3-1。

表 1-3-1　电气设备的维护保养周期及内容

保养级别	保养周期	机床作业时间	电气设备保养内容
一级保养	一季度左右	6～12h	（1）清扫配电箱的积尘异物 （2）修复或更换即将损坏的电气元件 （3）整理内部接线，使之整齐美观，特别是在平时应急修理处，应尽量复原成正规状态 （4）紧固熔断器的可动部分，使之接触良好 （5）紧固接线端子和电气元件上的压线螺钉，使所有压接线头牢固可靠，以减小接触电阻 （6）对电动机进行小修和中修检查 （7）通电试车，使电气元件的动作程序正确可靠

续表

保养级别	保养周期	机床作业时间	电气设备保养内容
二级保养	一年左右	3～6d	（1）机床一级保养时，对机床电器所进行的各项维护保养工作 （2）检修动作频繁且电流较大的接触器、继电器触头 （3）检查有明显噪声的接触器和继电器 （4）校验热继电器，看其是否能正常工作，校验效果应符合热继电器的动作特性 （5）校验时间继电器，看其延时时间是否符合要求

四、电气设备故障检修步骤

机床电气设备故障的类型大致可分为两大类：一类是有明显外表特征并容易发现的故障。如电动机、电气元件的显著发热、冒烟甚至发出焦臭味或电火花等。另一类是没有明显外表特征的故障，此类故障多发生在控制电路中，由于电气元件调整不当、机械动作失灵、触头及压接线端子接触不良或脱落，以及小零件损坏，导线断裂等原因所引起。尽管机床电气设备通过日常维护保养后，大大地降低了电气故障的发生率，但绝不能杜绝电气故障的发生。因此，电气维修人员除了掌握日常维护保养技术外，还必须在电气故障发生后，能够及时采用正确的判断方法和正确的检修方法及步骤，找出故障点并排除故障。

当电气设备出现故障时，不应盲目动手进行检修，应遵循电气故障检修的步骤进行检修，其检修的步骤流程如图 1-3-1 所示。

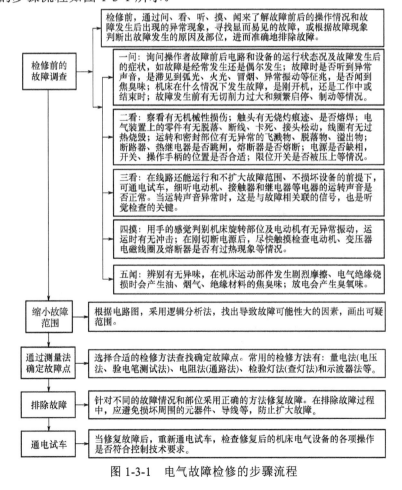

图 1-3-1　电气故障检修的步骤流程

五、CA6140 型普通车床主轴电气控制线路

在进行 CA6140 型普通车床主轴电气控制线路常见的电气故障分析和检修时，首先必须熟悉其电气控制线路图和在机床（或模拟机床控制线路板）实物上电气线路实际走线路径及电气元件所在的位置。图 1-3-2 为根据 CA6140 型普通车床电气控制原理图和任务 2 中测绘出的主轴电气控制电路图。

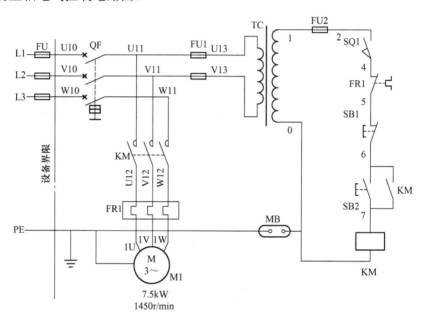

图 1-3-2 主轴电气控制电路图

任务准备

实施本任务教学所使用的实训设备及工具材料见表 1-3-2。

表 1-3-2 实训设备及工具材料

序号	分类	名称	型号规格	数量	单位	备注
1	工具	电工常用工具		1	套	
2	仪表	万用表	MF47 型	1	块	
3		兆欧表	500V	1	只	
4		钳形电流表		1	只	
5	设备器材	CA6140 型普通车床或模拟机床线路板		1	台	

任务实施

一、CA6140 型普通车床主轴控制常见故障分析与检修

第一，由教师在 CA6140 型车床（或车床模拟实训台）上人为设置自然故障点，并进行故障分析和故障检修操作示范，让学生仔细观察教师示范检修过程。第二，在教师的指

导下，让学生分组自行完成故障点的检修实训任务。CA6140 型车床主轴控制常见故障现象和检修方法如下。

【故障现象 1】合上低压断路器 QF，信号灯 HL 亮，合上照明灯开关 SA，照明灯 EL 亮，按下启动按钮 SB2，主轴电动机 M1 转得很慢甚至不转，并发出"嗡嗡"声。

【故障分析】采用逻辑分析法对故障现象进行分析可知，当按下启动按钮 SB2 后，主轴电动机 M1 转得很慢甚至不转，并发出"嗡嗡"声，这说明接触器 KM 已吸合，电气故障为典型的电动机缺相运行，因此故障范围应在主轴电气控制的主回路上，通过逻辑分析法可用虚线画出该故障的最小范围，如图 1-3-3 所示。

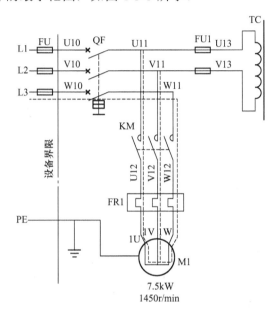

图 1-3-3 主轴电动机缺相运行的故障最小范围

【故障检修】当试机时，发现是电动机缺相运行，应立即按下停止按钮 SB1，使接触器 KM 主触头处于断开状态，然后根据如图 1-3-3 所示的故障最小范围，分别采用电压测量法和电阻测量法进行故障检测。具体的检测方法及实施过程如下。

（1）首先以接触器 KM 主触头为分界点，在主触头的上方采用电压测量法，即采用万用表交流 500V 挡分别检测接触器 KM 主触头输入端三相电压 U_{U11V11}、U_{U11W11}、U_{V11W11} 的电压值，如图 1-3-4 所示。若三相电压值正常；就切断低压断路器 QF 的电源，在主触头的下方采用电阻测量法，借助电动机三相定子绕组构成的回路，用万用表 R×100（或 R×1k）挡分别检测接触器 KM 主触头输出端的三相回路（即 U12 与 V12 之间、U12 与 W12 之间、V12 与 W12 之间）是否导通，若三相回路正常导通，则说明故障在接触器的主触头上。

（2）当判断出故障范围在接触器 KM 的主触头上时，应在断开断路器 QF 和拔下熔断器 FU1 的情况下，按下接触器 KM 动作试验按钮，分别检测接触器 KM 的 3 对主触头接触是否良好。若测得电阻值为无穷大，则说明该触点接触不良；若电阻值为零，则说明无故障可进入下一步检修。检测方法如图 1-3-5 所示。

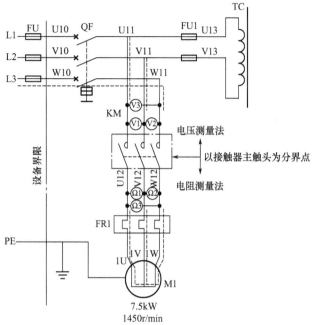

图 1-3-4　主电路的测试方法

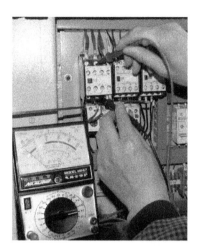

图 1-3-5　主触头的检测

（3）若检测出接触器 KM 主触头输入端三相电压值不正常，则说明故障范围在接触器主触头输入端上方。具体的检修过程见表 1-3-3。若检测出接触器 KM 主触头输出端三相回路导通不正常，则说明故障范围在接触器主触头输出端下方。具体的检修过程见表 1-3-4。

表 1-3-3　电压测量法查找故障点

检测步骤	测试状态	测量标号	电压数值	故障点
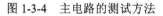	电压测量法	U11－V11	正常	故障在 W 相支路上
		U11－W11	异常	
		V11－W11	异常	
		U11－V11	异常	故障在 U11 的连线上
		U11－W11	异常	
		V11－W11	正常	
		U11－V11	异常	故障在 V11 的连线上
		U11－W11	正常	
		V11－W11	异常	

操作提示

（1）在采用电压测量法检测接触器主触头输入端三相电源电压是否正常时，应将万用表的转换开关拨至交流 500V 挡，方可进行测量，以免烧毁万用表。

（2）如果电压 U_{U11V11} 正常，U_{U11W11} 和 U_{V11W11} 不正常，则说明接到接触器主触头上方的 U、V 两相的电源没有问题，故障出在 W 相。此时可任意将万用表的一支表笔固定在

U11 或 V11 的接线柱上，另一支表笔则搭接在低压断路器 QF 输出端的 W11 接线柱上，若测得的电压值正常，再将表笔搭接在低压断路器 QF 输出端的 W10 接线柱上，若测得的电压值不正常，则说明 W 相的熔断器 FU 中的熔丝烧断。

（3）在采用电阻测量法检测接触器主触头输出端三相回路是否导通正常时，应先切断低压断路器 QF，然后将万用表的转换开关拨至 R×100（或 R×1k）挡，方可进行测量，以免操作错误烧毁万用表或发生触电安全事故。

表 1-3-4　电阻测量法查找故障点

检测步骤	测试状态	测量标号	电阻数值	故障点
	断开低压断路器 QF，采用电阻测量法	U12－V12	正常	故障在 W12 与 1W 之间的连线上和 FR1 的 W 相的热元件及定子绕组和星点上，然后用电阻分段测量法查找出故障点
		U12－W12	异常	
		V12－W12	异常	
		U12－V12	异常	故障在 U12 与 1U 之间的连线上和 FR1 的 U 相的热元件及定子绕组和星点上，然后用电阻分段测量法查找出故障点
		U12－W12	异常	
		V12－W12	正常	
		U12－V12	异常	故障在 V12 与 1V 之间的连线上和 FR1 的 V 相的热元件及定子绕组和星点上，然后用电阻分段测量法查找出故障点
		U12－W12	正常	
		V12－W12	异常	

【故障现象 2】按下启动按钮 SB2 后，接触器 KM 不吸合，主轴电动机 M1 不转。

由于机床电气控制是一个整体的电气控制系统，当出现按下启动按钮 SB2 后，接触器 KM 不吸合，主轴电动机 M1 不转的故障现象时，不能盲目地对故障范围下结论和盲目地采取检测方法进行检修，应首先进行整体试车，仔细观察现象，然后根据现象确定故障最小范围后，再采用正确合理的检测方法找出故障点，排除故障。造成按下启动按钮 SB2 后，接触器 KM 不吸合，主轴电动机 M1 不转的故障现象的故障范围一般分为下列几种。

（1）合上低压断路器 QF，信号灯 HL 不亮，合上照明灯开关 SA，照明灯 EL 不亮；然后打开壁龛门，压下 SQ2 传动杆，合上低压断路器 QF，信号灯 HL 不亮，合上照明灯开关 SA，照明灯 EL 不亮；再按下启动按钮 SB2，接触器 KM 不吸合，主轴电动机 M1 不转，按下刀架快速进给按钮 SB3，中间继电器 KA2 不能吸合，拨通冷却泵开关 SB4，中间继电器 KA1 不能吸合。

【故障分析】采用逻辑分析法对故障现象进行分析可知，故障范围应在控制电源变压器 TC 一次绕组的电源回路上。其最小故障范围可用虚线表示，如图 1-3-6 所示。

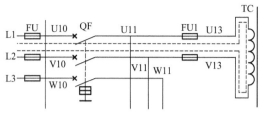

图 1-3-6　故障最小范围

【故障检修】根据图 1-3-6 所示的故障最小范围，可以采用电压测量法或者采用验电笔测量法进行检测。

① 电压测量法检测。

采用电压测量法进行检测时，先将万用表的量程选择开关拨至交流 500V 挡，具体检测过程详见表 1-3-5。

表 1-3-5　电压测量法查找故障点

故障现象	测试状态	测量标号	电压数值	故障点
合上低压断路器 QF,信号灯 HL 不亮,合上照明灯开关 SA,照明灯 EL 不亮,按下启动按钮 SB2,接触器 KM 不吸合,主轴电动机 M1 不转,按下刀架快速进给按钮 SB3,中间继电器 KA2 不能吸合,拨通冷却泵开关 SB4,中间继电器 KA2 不能吸合	电压测量法	U13－V13	正常	故障在变压器 TC 的一次绕组上
		U13－V13	异常	V 相的 FU1 熔丝断
		U11－V11	正常	
		U11－V13	异常	
		U13－V13	异常	U 相的 FU1 熔丝断
		U13－V11	异常	
		U11－V13	正常	
		U11－V11	异常	断路器 QF 的 U 相触点接触不良
		U10－V10	正常	
		U10－V11	正常	
		U11－V10	异常	
		U11－V11	异常	断路器 QF 的 V 相触点接触不良
		U10－V10	正常	
		U10－V11	异常	
		U11－V10	正常	
		U10－V10	异常	V 相的 FU 熔丝断
		U10－L2	正常	
		U10－V10	异常	U 相的 FU 熔丝断
		V10－L1	正常	

② 验电笔测量法检测。

在进行该故障检测时，也可用验电笔测量法进行检测，而且检测的速度比电压测量法要快，但前提条件是必须拔下熔断器 FU1 中的 U、V 两相任意一个熔断器，断开控制电源变压器一次绕组的回路，避免因电流回路造成检测时的误判。具体的检测方法及判断如下。

以熔断器 FU1 为分界点，如图 1-3-7 所示。首先拔下 U11 与 U13 之间的熔断器 FU1，然

以熔断器FU1为分界点用验电笔进行检测

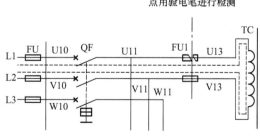

图 1-3-7　验电笔检测示意图

后用验电笔分别检测 U11 与 U13 之间的熔断器 FU1 两端是否有电（验电笔氖管的亮度是否正常）来判断故障点所在的位置，具体检测流程图如图 1-3-8 所示。

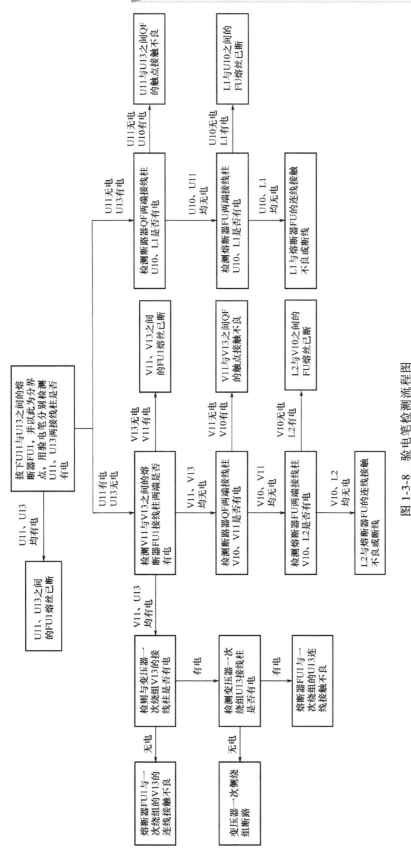

图 1-3-8　验电笔检测流程图

操作提示

在使用验电笔测量法进行该故障检测时，虽然检测的速度比电压测量法要快，但前提条件是必须断开熔断器 FU1 中的 U、V 两相任意一个熔断器，由此断开控制电源变压器一次绕组的回路，避免因电流回路造成检测时的误判。

（2）合上低压断路器 QF，信号灯 HL 不亮，合上照明灯开关 SA，照明灯 EL 不亮，然后打开壁龛门，压下 SQ2 传动杆，合上低压断路器 QF，信号灯 HL 亮，合上照明灯开关 SA，照明灯 EL 亮，再按下启动按钮 SB2，接触器 KM 不吸合，主轴电动机 M1 不转，按下刀架快速进给按钮 SB3，中间继电器 KA2 不能吸合，拨通冷却泵开关 SB4，中间继电器 KA1 不能吸合。

【故障分析】采用逻辑分析法对故障现象进行分析可知，故障范围应在控制电源变压器 TC 二次绕组的控制回路上。其最小故障范围可用虚线表示，如图 1-3-9 所示。

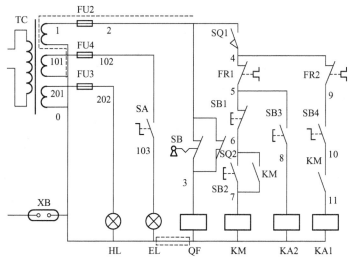

图 1-3-9　故障最小范围

【故障检修】打开壁龛门，压下 SQ2 传动杆，合上低压断路器 QF，用电压测量法首先测量控制电源变压器 TC 的 110V 二次绕组的 1# 与 0# 之间的电压值是否正常，若不正常则说明控制电源变压器 TC 的 110V 二次绕组断路。若电压值正常，则测量熔断器 FU2 的 2# 接线柱与 0# 之间电压值，如果所测得电压值不正常，则说明熔断器 FU2 的熔丝已断；如果所测得电压值正常，就继续测量与 SQ1 连接的 2# 接线柱与 0# 之间的电压值，若电压值不正常，则说明故障在连接熔断器 FU2 和 SQ1 之间的 2# 连线上，若所测得电压值正常，则说明故障在与 QF 线圈的 0# 连线上。

（3）合上低压断路器 QF，信号灯 HL 亮，合上照明灯开关 SA，照明灯 EL 亮，按下启动按钮 SB2，接触器 KM 不吸合，主轴电动机 M1 不转，按下刀架快速进给按钮 SB3，中间继电器 KA2 不吸合，拨通冷却泵开关 SB4，中间继电器 KA1 不能吸合。

【故障分析】采用逻辑分析法对故障现象进行分析可知，故障范围应在控制电源变压器 TC 二次绕组的控制回路上。其最小故障范围可用虚线表示，如图 1-3-10 所示。

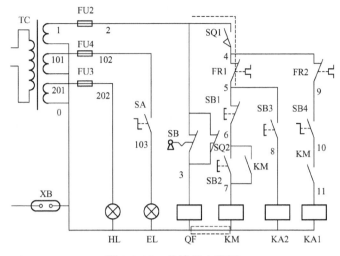

图 1-3-10 故障最小范围

【故障检修】打开壁龛门，压下 SQ2 传动杆，合上低压断路器 QF，首先用电压测量法检测熔断器 FU2 的 2#接线柱与接触器 KM 线圈连接的 0#接线柱的电压是否正常，若电压不正常，则说明故障在与接触器 KM 线圈连接的 0#上。若测得的电压值正常，则以 SQ1 作为分界点，用验电笔检测与 SQ1 连接 2#线是否有电，若无电，则说明故障在与 SQ1 连接 2#线上。若有电，用手按下 SQ1，检测与 SQ1 的 4#接线柱是否有电，若无电，则是 SQ1 常开触点接触不良；若有电，就继续按下 SQ1，检测与 FR1 连接 4#线是否有电，若无电，则说明故障在与 FR1 连接 4#线上。若有电，继续检测与 KH1 连接 5#接线柱是否有电，若无电，则是 KH1 常闭触点接触不良；若有电，则说明故障在与 FR1 连接 5#线上。

（4）合上低压断路器 QF，信号灯 HL 亮，合上照明灯开关 SA，照明灯 EL 亮，按下启动按钮 SB2，接触器 KM 不吸合，主轴电动机 M1 不转，拨通冷却泵开关 SB4，中间继电器 KA1 不能吸合，但按下刀架快速进给按钮 SB3，中间继电器 KA2 吸合。

【故障分析】采用逻辑分析法对故障现象进行分析可知，其最小故障范围可用虚线表示，如图 1-3-11 所示。

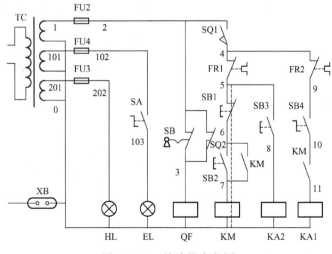

图 1-3-11 故障最小范围

【故障检修】打开壁龛门，压下 SQ2 传动杆，合上低压断路器 QF，采用电压测量法和验电笔测量法配合进行检测。具体的检测方法及步骤如下。

① 人为接通 SQ1，以启动按钮 SB2 为分界点，先用验电笔检测 SB2 的 6# 接线柱是否有电，若有电，就用电压测量法检测 SB2 两端 6#、7# 之间的电压是否正常，若电压值正常则说明是 SB2 的常开触点接触不良。若电压值不正常，则以机床的导轨为 "0" 电位点，测量 SB2 的 6# 接线柱与导轨之间的电压值应正常（110V），然后测量熔断器 FU2 的 2# 接线柱与接触器 KM 线圈的 7# 接线柱之间电压，若电压值正常，则故障应在 7# 线上。若电压值不正常，继续测量熔断器 FU2 的 2# 接线柱与接触器 KM 线圈的 6# 接线柱之间电压，如果电压值正常，则接触器 KM 线圈已断；如果电压值不正常，则故障应在 6# 线上。

② 在人为接通 SQ1 后，如果用验电笔检测 SB2 的 6# 接线柱发现无电，则继续停止按钮 SB1 两端的 5# 和 6# 接线柱是否有电，若 5# 接线柱有电而 6# 接线柱没有电，则故障是 SB1 常闭触点接触不良。若 5# 和 6# 接线柱都无电，则说明故障在与 SB1 连接的 5# 连线上。

【故障现象 3】按下启动按钮 SB2，主轴电动机 M1 运转，松开 SB2 后，主轴电动机 M1 停转。

【故障分析】分析线路工作原理可知，造成这种故障的主要原因是接触器 KM 的自锁触头接触不良或导线松脱，使电路不能自锁。其故障最小范围如图 1-3-12 所示。

【故障检修】打开壁龛门，压下 SQ2 传动杆，合上低压断路器 QF，在人为接通 SQ1 后，采用电压测量法检测接触器 KM 自锁触头两端 6# 与 7# 之间的电压值是否正常；如果电压值不正常，则说明故障在自锁回路上，然后用验电笔检测接触器 KM 自锁触头 6# 接线柱是否有电，若无电则故障在 6# 连线上；若有电则说明故障在 7# 连线上。如果检测出接触器 KM 自锁触头两端 6# 与 7# 之间的电压值正常，则说明故障原因是接触器 KM 自锁触头闭合时接触不良。

检测自锁触头是否接触良好，应先切断低压断路器 QF，使 SQ1 处于断开位置，然后人为按下接触器 KM，用万用表电阻 R×10 挡检测接触器自锁触点接触是否良好。如果接触不良，则修复或更换触头，如图 1-3-13 所示。

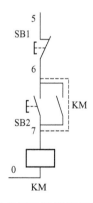

图 1-3-12　主轴电机不能连续运行故障最小范围

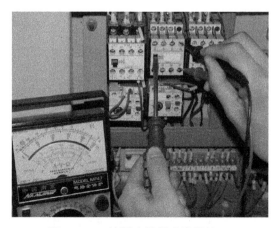

图 1-3-13　检测自锁触头接触情况

【故障现象 4】按下停止按钮 SB1，主轴电动机 M1 不能停止。

【故障分析】按下停止按钮后，主轴电动机 M1 不能停止的主要原因是：KM 主触头熔焊；停止按钮 SB1 被击穿短路或线路中 5、6 两点连接导线短路；KM 铁芯端面被油垢粘牢不能脱开。

【故障检修】当出现该故障现象时，应立即断开断路器 QF，若 KM 释放，则故障是停止按钮 SB1 被击穿或导线短路；若 KM 过一段时间释放，则故障为铁芯端面被油垢粘牢；若 KM 不释放，则故障为 KM 主触头熔焊。可根据情况采取相应的措施修复，在此不再赘述。

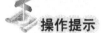 **操作提示**

（1）检修前要认真识读分析电路图、电器布置图和接线图，熟练掌握各个控制环节的作用及原理，掌握电器的实际位置和走线路径。

（2）认真观摩教师的示范检修，掌握车床电气故障检修的一般方法和步骤。

（3）检修过程中要注意人身安全，所使用的工具和仪表应符合使用要求。

（4）检修时，严禁扩大故障范围或产生新的故障点。

（5）故障检测时应根据电路的特点，通过相关和允许的试车，尽量缩小故障范围。

（6）当检测出是主回路的故障时，为避免因缺相在检修试车过程中造成电动机损坏的事故，继电器主触头以下部分最好采用电阻测量法进行检测。

（7）控制电路的故障检测应尽量采用量电法（即电压测量法和验电笔测量法），当故障检测出后，应断开电源后方可排除故障。

（8）停电后要进行验电，带电检修时，必须有指导教师在现场监护，以确保操作安全，同时要做好检修记录。

 **检查评议**

对任务的完成情况进行检查，并将结果填入任务测评表 1-3-6。

表 1-3-6 任务测评表

序号	考核内容	考核要求	评分标准	配分	扣分	得分
1	故障现象	正确观察机床的故障现象	能正确观察机床的故障现象，若故障现象判断错误，每个故障扣 10 分	10		
2	故障范围	用虚线在电气原理图中画出最小故障范围	能用虚线在电气原理图中画出最小故障范围，错判故障范围，每个故障扣 10 分；未缩小到最小故障范围，每处扣 5 分	20		
3	检修方法	检修步骤正确	（1）仪表和工具使用正确，否则每次扣 5 分 （2）检修步骤正确，否则每处扣 5 分	30		
4	故障排除	故障排除完全	故障排除完全，否则每个扣 10 分；不能查出故障点，每个故障扣 20 分；若扩大故障，每个扣 20 分，若损坏电气元件，每只扣 10 分	30		
5	安全文明生产	（1）严格执行车间安全操作规程 （2）保持实习场地整洁，秩序井然	（1）发生安全事故扣 30 分 （2）违反文明生产要求视情况扣 5～10 分	10		
工时	30min	合　计				
开始时间			结束时间		成　绩	

问题及防治

学生在进行 CA6140 型普通车床主轴电气故障检修的过程中，时常会遇到如下问题。

问题 1：在检测主轴电动机 M1 缺相运行的电气故障时，没有按下停止按钮 SB1，直接在接线端子排上测量主轴电动机 1U、1V、1W 之间的三相电压是否正常。

后果及原因：在检测主轴电动机 M1 缺相运行的电气故障时，没有按下停止按钮 SB1，直接在接线端子排上测量主轴电动机 1U、1V、1W 之间的三相电压，会造成主轴电动机长时间缺相运行，严重时会损坏电动机。

预防措施：当发现主轴电动机 M1 缺相运行的电气故障时，应立即按下停止按钮 SB1，使接触器 KM 主触头处于断开状态，断开主轴电动机 M1 三相定子绕组的电源，然后在接触器 KM 主触头输入端采用电压测量法进行检测，然后断开总电源，在接触器 KM 主触头输出端采用电阻测量法进行检测。

问题 2：当按下启动按钮 SB2 后，接触器 KM 不能吸合，就将故障范围确定在接触器 KM 的控制回路上，不能确定故障的最小范围，如图 1-3-14 所示中的虚线部分。

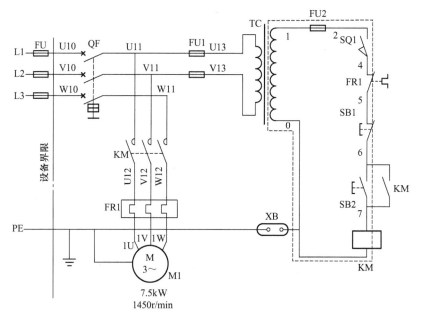

图 1-3-14　不能确定故障的最小范围

后果及原因：在进行故障检测时应根据电路的特点，通过相关和允许的试车，尽量缩小故障范围。如果故障出现在熔断器 FU1 的熔丝熔断，也会造成当按下 SB2 启动按钮后，接触器 KM 不能吸合的现象；如果按照如图 1-3-14 所示的故障范围是无法排除故障的。

预防措施：由于车床电气控制是一个整体的电气控制系统，因此应先进行相关和允许的试车，通过观察相互联系的电气元件的动作情况，然后通过逻辑分析法进行分析确定故障的最小范围，再采取正确合理的检测方法查找故障点，并排除故障。具体方法参见"任务实施"环节中的【故障现象 2】的检修方法。

问题 3： 在进行控制回路的故障检测时，从头到尾都采用电阻测量法进行检测。

后果及原因： 在进行控制回路的故障检测时，从头到尾都采用电阻测量法进行检测是不切实际的，这是因为车床的电气控制配电板是安装在电气控制箱内，而启动按钮和停止按钮是安装在电气控制箱外的，并且与电气控制配电板的相距甚远，万用表的表笔不够长，给检测带来一定的难度。

预防措施： 在控制电路的故障检测时，应尽量采用量电法（即电压测量法和验电笔测量法），这样既能快速查找出故障点，又能保证测试的准确性。值得注意的是，当故障检测出后，应断开电源后方可排除故障，以免发生触电事故。

知识拓展

电气故障的修复及注意事项

当查找出电气设备的故障点后，就要着手进行修复、试运转、记录等，然后交付使用，但必须注意以下事项。

（1）在查找出故障点和修复故障时，应注意不能把找出的故障点作为寻找故障的终点，还必须进一步分析查明产生故障的根本原因。例如，在处理某台电动机因过载烧毁的事故时，绝不能认为将烧毁的电动机重新修复或换上一台同一型号的新电动机即可，而应进一步查明电动机过载的原因，查明是因负载过重，还是电动机选择不当、功率过小所致，因为两者都将导致电动机过载。所以在处理故障时，修复故障应在找出故障原因并排除之后进行。

（2）查找出故障点后，一定要针对不同故障情况和部位，相应地采取正确的修复方法，不要轻易更换元器件和补线等方法，更不允许轻易改动线路或更换规格不同的元器件，以防产生人为故障。

（3）在故障点的修理工作中，一般情况下应尽量做到复原。但是，有时为了尽快恢复机床的正常运行，根据实际情况也允许采取一些适当的应急措施，但绝不可凑合行事。

（4）当发现熔断器熔断故障后，不要急于更换熔断器的熔丝，而是要仔细分析熔断器熔断的原因。如果是负载电流过大或有短路现象，应进一步查出故障并排除后，再更换熔断器熔丝；如果是容量选小了，应根据所接负载重新核算选用合适的熔丝；如果是接触不良引起的，应对熔断器座进行修理或更换。

（5）如果查出是电动机、变压器、接触器等出了故障，可按照相应的方法进行修理。如果损坏严重无法修理，则应更换新的。为了减少设备的停机时间，也可先用新的电器将故障电器替换下来再修。

（6）当接触器出现主触头熔焊故障时，这很可能是由于负载短路造成的，一定要将负载短路的问题解决后，才能再次通电试验。

（7）由于机床故障的检测，在许多情况下需要带电操作，所以一定要严格遵守电工操作规程，注意安全。

（8）电气故障修复完毕，需要通电试运行时，应和操作者配合，避免出现新的故障。

（9）每次排除故障后，应及时总结经验，并做好维修记录。记录的内容包括机床设备的型号、名称、编号、故障发生日期、故障现象、部位、损坏的电器、故障原因、修复措施及修复后的运行情况等。记录的目的是以此作为档案，以备日后维修时参考，并通过对历次故障的分析，采取相应的有效措施，防止类似故障的再次发生或对电气设备本身的设计提出改进意见等。

任务4　CA6140型普通车床冷却泵和刀架快速移动电动机控制线路电气故障检修

学习目标

知识目标：

1. 了解冷却泵和刀架快速移动电动机的工作原理。

2. 掌握冷却泵和刀架快速移动电动机电气控制线路常见电气故障的分析和检测方法。

能力目标：

能熟练检修CA6140型普通车床冷却泵和刀架快速移动电动机电气控制线路的常见故障。

素质目标：

养成独立思考和动手操作的习惯，培养小组协调能力和互相学习的精神。

工作任务

CA6140型普通车床的运动形式有切削运动、进给运动、辅助运动。虽然车床工作时，绝大部分功率消耗在主轴运动上，但是在进行某些金属切削加工（如螺纹的加工）时，往往需要用冷却液配合进行加工，冷却泵电气控制线路的好坏会直接影响到切削加工生产的正常进行；同时作为主要辅助运动的刀架快速移动控制则是为了提高生产效率。车床的主要运动形式是相辅相成的，除了要掌握主轴电动机控制线路常见电气故障的分析与检修外，还必须掌握冷却泵和刀架快速移动电动机控制线路常见电气故障的分析和检测方法。

本次任务是：通过常用机床电气设备的维修要求、检修方法和维修的步骤，进行CA6140型普通车床冷却泵和刀架快速移动电动机控制线路电气故障检修。

一、冷却泵和刀架快速移动电动机控制线路

通过对本模块任务2中的图1-2-1所示的CA6140型普通车床的电气原理图的简化，可得出如图1-4-1所示的冷却泵电动机和刀架快速移动电动机控制的电气线路图。

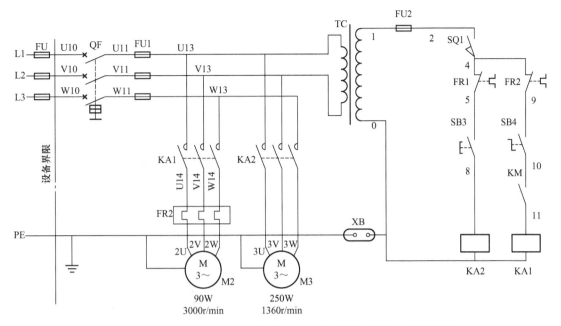

图 1-4-1　冷却泵电动机和刀架快速移动电动机控制的电气线路图

二、冷却泵和刀架快速移动电动机控制线路的分析

1. 主电路

从主电路可看出两台电动机均为正转控制。其中冷却泵电动机 M2 由中间继电器 KA1 控制，输送切削冷却液；而刀架快速移动电动机 M3 由 KA2 控制，在机械手柄的控制下带动刀架快速做横向或纵向进给运动。

冷却泵电动机 M2 设有过载保护；刀架快速移动电动机 M3 未设过载保护。另外，熔断器 FU1 作为冷却泵电动机 M2、刀架快速移动电动机 M3 和控制电源变压器 TC 一次绕组的短路保护。

2. 控制电路

与主轴电动机 M1 电气控制线路一样，冷却泵电动机 M2 和刀架快速移动电动机 M3 的控制线路电源也是由控制电源变压器 TC 提供的，控制电源电压为 110V，熔断器 FU2 做短路保护。

1）冷却泵电动机 M2 的控制

冷却泵电动机 M2 的控制电路如图 1-4-1 所示。从电路图中可以看出，冷却泵电动机 M2 和主轴电动机 M1 在控制电路中采用了顺序控制的方式，因此只有当主轴电动机 M1 启动后（即 KM 的辅助常开触头闭合），再合上转换开关 SB4，中间继电器 KA1 才能吸合，冷却泵电动机 M2 才能启动。当 M1 停止运行或断开转换开关 SB4 时，M2 随即停止运行。FR2 为冷却泵电动机提供过载保护。

2）刀架快速移动电动机 M3 的控制

从安全需要考虑，刀架快速移动电动机 M3 采用点动控制，按下点动按钮 SB3，就可以控制刀架的快速移动。

任务准备

实施本任务教学所使用的实训设备及工具材料见表 1-4-1。

表 1-4-1　实训设备及工具材料

序号	分类	名称	型号规格	数量	单位	备注
1	工具	电工常用工具		1	套	
2	仪表	万用表	MF47 型	1	块	
3		兆欧表	500V	1	只	
4		钳形电流表		1	只	
5	设备器材	CA6140 型普通车床或模拟机床线路板		1	台	

任务实施

一、熟悉冷却泵和刀架快速移动电动机控制线路

在教师的指导下，根据前面任务测绘出的 CA6140 型普通车床的电气接线图和电器位置图，在车床上找出冷却泵与刀架快速移动电动机的电气控制线路实际走线路径，并与如图 1-4-1 所示的电气线路图进行比较，为故障分析和检修做好准备。

二、CA6140 型普通车床冷却泵和刀架快速移动电动机常见故障分析与检修

第一，由教师在 CA6140 型普通车床（或车床模拟实训台）的冷却泵和刀架快速移动电动机控制线路上，人为设置自然故障点，并进行故障分析和故障检修操作示范，让学生仔细观察教师示范检修过程。第二，在教师的指导下，让学生分组自行完成故障点的检修实训任务。CA6140 型普通车床冷却泵与刀架快速移动电动机的电气控制线路常见故障现象和检修方法如下。

1. 在车床切削加工时，无冷却液输送或冷却液输送很少，同时冷却泵电动机 M2 发出"嗡嗡"声

从故障现象可知是冷却泵电动机缺相运行造成的，此时应立即将冷却泵控制的转换开关 SB4 拨到断开的位置，使中间继电器 KA1 断电，切断冷却泵电动机三相定子绕组的电源，以防冷却泵因长时间的缺相运行而损坏。然后观察主轴电动机的运行是否正常，若正常，还应观察刀架快速移动电动机的运行是否正常，由此才能确定造成冷却泵电动机缺相运行的故障最小范围，进而通过正确合理的检测方法，查找出故障点，并将故障排除。因此，在车床切削加工时，无冷却液输送或冷却液输送很少，同时冷却泵电动机 M2 发出"嗡嗡"声的故障现象主要为以下几种。

【故障现象 1】合上低压断路器 QF，信号灯 HL 亮，合上照明灯开关 SA，照明灯 EL 亮，按下启动按钮 SB2，主轴电动机 M1 运转正常。拨通冷却泵开关 SB4，无冷却液输送或冷却液输送很少，同时冷却泵电动机 M2 发出"嗡嗡"声。

【故障分析】遇到该故障现象时，应立即按下主轴停止按钮 SB1 或将冷却泵开关 SB4 拨至断开位置，避免冷却泵长时间缺相运行；然后通过按下点动按钮 SB3，观察刀架快速移动电动机的运行是否正常，确定故障的最小范围。

（1）按下点动按钮 SB3，刀架快速移动电动机也发出"嗡嗡"声。采用逻辑分析法对故障现象进行分析可知，故障范围应在冷却泵电动机和刀架快速移动电动机控制主电路的公共线路区域，通过逻辑分析法可用虚线画出该故障的最小范围，如图 1-4-2 所示。

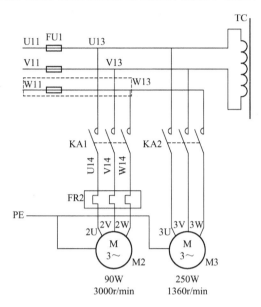

图 1-4-2　故障最小范围

【故障检修】通过图 1-4-2 所示知道造成该故障的最小范围后，以 W 相的熔断器 FU1 为检测分界点，可采用验电笔测试法，直接检测熔断器 FU1 两端的 W11、W13 接线柱上是否有电，若两端的接线柱均有电，则说明与熔断器 FU1 接线柱连接的 W13 连线接触不良；若两端的接线柱均无电，则说明是与熔断器 FU1 接线柱连接的 W11 连线接触不良；若 W11 有电而 W13 无电，则说明 W 相的熔断器 FU1 的熔丝已断。

 操作提示

在检测没有变压器回路的电路时，采用验电笔进行检测要比电压测量法和电阻测量法快，但测量时必须事先将验电笔在正常的电源上进行试电，确认验电笔的完好和氖管亮度后，再进行故障检测，以保证检测的准确性。

（2）按下点动按钮 SB3，刀架快速移动电动机运行正常。采用逻辑分析法对故障现象进行分析可知，故障范围应在冷却泵电动机控制主电路上，通过逻辑分析法可用虚线画出该故障的最小范围，如图 1-4-3 所示。

【故障检修】根据图 1-4-3 所示的故障最小范围，应以中间继电器 KA1 主触头为分界点，分别采用电压测量法和电阻测量法进行故障检测。具体的检测方法及实施过程与本课题任务 3 主轴电动机缺相运行的故障检修相似，在此不再赘述，读者可参照实施。

2．冷却泵电动机 M2 不能启动运转

由于机床电气控制是一个整体控制系统的特殊性，其电路控制中存在着许多相互联系的关系，因此，当拨通转换开关 SB4，冷却泵电动机 M2 不能启动运转时，不能盲目地对故障范围下结论和盲目地采取检测方法进行检修，特别是冷却泵与主轴电动机实现的是顺序控制方式，如果主轴电动机不能启动，也会导致冷却泵电动机不能启动运转，因此应首先进行整体试车，仔细观察故障现象，然后根据现象确定故障最小范围后，再采用正确合理的检测方法找出故障点，排除故障。一般出现冷却泵电动机 M2 不能启动运转的现象有以下两种。

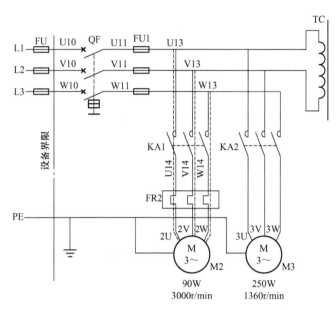

图 1-4-3　故障最小范围

【故障现象 1】合上低压断路器 QF，信号灯 HL 不亮，合上照明灯开关 SA，照明灯 EL 不亮，按下启动按钮 SB2，接触器 KM 不吸合，主轴电动机 M1 不转，按下刀架快速进给按钮 SB3，中间继电器 KA2 不能吸合，拨通冷却泵开关 SB4，中间继电器 KA1 不能吸合。然后打开壁龛门，压下 SQ2 传动杆，合上低压断路器 QF，信号灯 HL 不亮，合上照明灯开关 SA，照明灯 EL 不亮，再按下启动按钮 SB2，接触器 KM 不吸合，主轴电动机 M1 不转，按下刀架快速进给按钮 SB3，中间继电器 KA2 不能吸合，拨通冷却泵开关 SB4，中间继电器 KA1 不能吸合。

【故障分析】采用逻辑分析法对故障现象进行分析可知，冷却泵电动机 M2 不能启动运转的原因是主轴电动机控制接触器 KM 未能吸合造成的。

【故障检修】只要按本课题任务 3 中的主轴电动机电气线路故障检修的方法将主轴电气线路的故障排除即可。

【故障现象 2】合上低压断路器 QF，信号灯 HL 亮，合上照明灯开关 SA，照明灯 EL 亮，按下启动按钮 SB2，接触器 KM 吸合，主轴电动机 M1 运转，按下刀架快速进给按钮 SB3，中间继电器 KA2 吸合，拨通冷却泵开关 SB4，中间继电器 KA1 不能吸合。

【故障分析】采用逻辑分析法对故障现象进行分析，可用虚线画出该故障的最小范围，如图 1-4-4 所示。

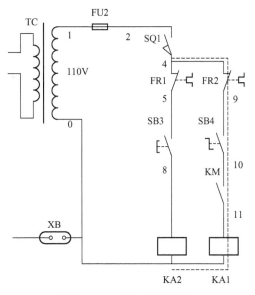

图 1-4-4　故障最小范围

【故障检修】打开壁龛门，压下 SQ2 传动杆，合上低压断路器 QF，人为接通 SQ1，并拨通 SB4，在主轴停止的状态下，采用电压测量法、验电笔测量法和电阻测量法配合进行检测，如图 1-4-5 所示。具体的检测方法及步骤如下。

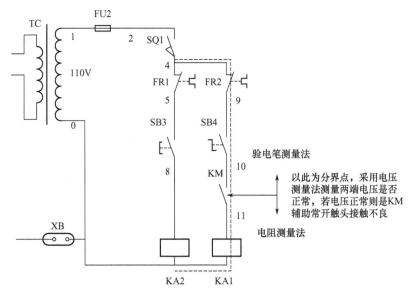

图 1-4-5　检测方法示意图

（1）以连接在 10# 和 11# 之间的 KM 辅助常开触头为分界点，采用电压测量法检测 KM 辅助常开触头两端的电压是否正常（110V），若电压正常，则说明故障是 KM 辅助常开触头接触不良。

（2）若 KM 辅助常开触头两端的电压不正常，可采用验电笔测量法来判断故障的范围，即用验电笔检测与 10# 连接 KM 辅助常开触头接线柱是否有电，若有电，则说明故障范围在与 KM 辅助常开触头 11# 接线柱连接的支路上。其故障线路路径为：KM 辅助常开触头

11#接线柱→11#连线→KA1 线圈→0#连线→0#接线柱。由于该故障线路都是在接触器 KM 与接线端子排上，连接线之间的距离较近，此时可以用电阻测量法进行检测。检测时，首先必须断开电源，然后采用电阻分段测量法，按照故障线路路径分段检测，找出故障点并排除故障。

想一想

若不是采用电阻测量法，而是采用电压测量法，应如何检测？

（3）若用验电笔检测与 10#连接 KM 辅助常开触头接线柱无电，则说明故障范围在与 KM 辅助常开触头 10#接线柱连接的支路上。其故障线路路径为：

KM 辅助常开触头 10#接线柱→10#连线→SB4 的 10#接线柱→SB4→SB4 的 9#接线柱→9#连线→FR2 的 9#接线柱→FR2 常闭触头→FR2 的 4#接线柱→4#连线→端子排的 4#接线柱。

由于该故障线路的路径是 110V 的相线，而且在该线路路径中的冷却泵控制开关 SB4 与电气配电板相距较远，因此采用验电笔测试法较为实用。检测方法是按照故障线路路径上的节点，采用验电笔测试法逐一进行检测即可。具体的检测判断过程在此不再赘述，读者自行分析。

操作提示

采用验电笔检测法判断故障的原则：故障点总是在检测的一个节点有电与另一个检测节点无电之间。

3. **按下按钮 SB3 后，KA2 吸合，但刀架不能快速移动，刀架快速移动电动机发出"嗡嗡"声**

采用直观法可知这是明显的电动机缺相运行的症状，故障范围应在主回路上，读者可按照上述冷却泵缺相运行的判断和检修方法进行操作，在此不再赘述。

4. **合上电源开关 QF，按下点动按钮 SB3，中间继电器 KA2 不吸合，刀架快速移动电动机 M3 不能点动（主轴电动机 M1 和冷却泵电动机 M2 正常）**

【故障分析】根据故障现象可画出其故障最小范围，如图 1-4-6 所示。根据故障最小范围可知其故障线路路径为：

$$XT_2 \xrightarrow{5^{\#}} SB3 \xrightarrow{8^{\#}} XT_2 \xrightarrow{8^{\#}} KM2线圈 \xrightarrow{0^{\#}} KM线圈 \xrightarrow{0^{\#}} 接线柱$$

【故障检修】由于该故障线路是简单的点动控制线路，读者可在所学过的检测方法中选用正确合理的方法，按照故障的最小范围和故障线路路径进行检修即可，不再赘述。

想一想

若合上电源开关 QF，按下点动按钮 SB3，中间继电器 KA2 不吸合，刀架快速移动电动机 M3 不能点动（主轴电动机 M1 正常、冷却泵电动机 M2 不正常）的故障最小范围在哪里？如何检修？

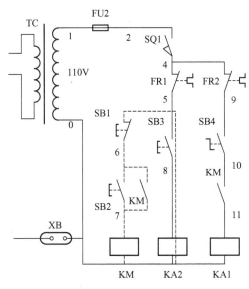

图 1-4-6　主轴电动机 M1 和冷却泵电动机 M2 正常，M3 不能启动故障最小范围

操作提示

（1）故障检测前先通过试车说出故障现象，分析故障的最小范围，讲清拟采用的故障检测手段、检测流程，正确无误后方可在监护下进行故障检测训练。

（2）采用电压测量法时，一定要遵守安全用电操作规程，并要有人在旁监护，以防触电事故发生。检修过程中一定要使用绝缘性能合格的工具和仪表。

（3）在查找出故障点后，进行故障维修时一定要切断机床电源，而且停电要验电，以确保操作安全；在修复故障时，不得扩大故障或产生新的故障；恢复后通电试车，同时要做好检修记录。

 检查评议

对任务实施的完成情况进行检查，并将结果填入任务测评表 1-4-2。

表 1-4-2　任务测评表

序号	考核内容	考核要求	评分标准	配分	扣分	得分
1	故障现象	正确观察机床的故障现象	能正确观察机床的故障现象,若故障现象判断错误,每个故障扣10分	10		
2	故障范围	用虚线在电气原理图中画出最小故障范围	能用虚线在电气原理图中画出最小故障范围,错判故障范围,每个故障扣10分；未缩小到最小故障范围,每个扣5分	20		
3	检修方法	检修步骤正确	(1)仪表和工具使用正确,否则每次扣5分 (2)检修步骤正确,否则每处扣5分	30		

续表

序号	考核内容	考核要求	评分标准	配分	扣分	得分
4	故障排除	故障排除完全	故障排除完全，否则每个扣 10 分；不能查出故障点，每个故障扣 20 分；若扩大故障每个扣 20 分，若损坏电气元件，每只扣 10 分	30		
5	安全文明生产	（1）严格执行车间安全操作规程 （2）保持实习场地整洁，秩序井然	（1）发生安全事故扣 30 分 （2）违反文明生产要求视情况扣 5～10 分	10		
工时	30min	合 计				
开始时间			结束时间		成 绩	

问题及防治

学生在进行 CA6140 型普通车床冷却泵和刀架快速移动控制线路电气故障检修的过程中，时常会遇到如下问题。

问题 1： 检修冷却泵电动机 M2 缺相运行时，只观察主轴电动机 M1 是否缺相运行，而忽视观察刀架快速移动电动机 M3 是否缺相运行。

后果及原因： 如果在检修冷却泵电动机 M2 缺相运行时，只观察主轴电动机 M1 是否缺相运行，而忽视观察刀架快速移动电动机 M3 是否缺相运行，会造成不能缩小故障的最小范围，延长了故障检测时间，甚至会造成误判。

预防措施： 在检修冷却泵电动机 M2 缺相运行时，除了观察主轴电动机 M1 是否缺相运行外，还应观察刀架快速移动电动机 M3 是否缺相运行。通过观察刀架快速移动电动机 M3 是否缺相运行，能在很短的时间内缩小故障的最小范围。例如，M1 正常，M2、M3 缺相运行，故障范围则在冷却泵电动机和刀架快速移动电动机控制主电路的公共线路区域上；若 M1、M2 正常，而 M3 缺相运行，则故障范围在冷却泵电动机控制主电路上。

问题 2： 未启动主轴就拨通冷却泵控制开关 SB4，发现冷却泵电动机不能启动运行，就盲目地对冷却泵控制电路进行检测。

后果及原因： 由于冷却泵电动机的控制是与主轴实现的顺序控制，如果没有启动主轴是无法实现对冷却泵的控制的。

预防措施： 检修时，应通过合理的试车才能判断故障的最小范围。应先启动主轴，如果 KM 不能吸合，造成冷却泵不能启动的原因则是主轴控制线路的故障；若主轴能启动，造成冷却泵不能启动的原因则是冷却泵控制线路。

知识拓展

在 CA6140 型普通车床或模拟车床电气线路板上人为设置故障点时，故障的设置应注意以下几点。

（1）人为设置的故障点必须是模拟车床在工作中由于受外界因素影响而造成的自然故障。

（2）不能设置更改线路或更换元器件等由于人为原因而造成的非自然故障。

（3）设置故障不能损坏电路中的元器件，不能破坏线路的美观；不能设置容易造成人身事故的故障；尽量不设置容易引起设备事故的故障，若有必要应在教师监督和现场密切注意的前提下进行，如电动机主回路故障等。

（4）故障的设置应先易后难，先设置单个故障点，然后过渡到两个故障点或多个故障点。

任务 5　CA6140 型普通车床照明、信号电路常见故障检修

 学习目标

知识目标：

1. 掌握照明和信号灯电路控制线路工作原理。

2. 了解照明和信号灯电路电气控制线路实际走线路径。

3. 掌握照明和信号灯电路常见电气故障分析与检修方法。

能力目标：

能熟练检修 CA6140 型普通车床照明和信号灯电气控制线路的常见故障。

素质目标：

养成独立思考和动手操作的习惯，培养小组协调能力和互相学习的精神。

 **工作任务**

当 CA6140 型普通车床的主电源开关 QF 接通时，由控制电源变压器 6V 绕组供电的信号指示灯 HL 亮，表示车床已接通电源，可以开始工作。若需要进行加工生产时，则合上开关 SA2，点亮车床局部照明灯。当信号指示灯出现故障时会影响操作者对机床控制电源是否有电造成误判；而机床照明灯的故障却直接影响生产的正常进行。因此，本次任务的内容是：完成对 CA6140 型普通车床照明、信号电路常见故障检修。

相关知识

一、CA6140 型普通车床照明、信号指示控制线路

通过对本模块任务 2 中的图 1-2-1 所示的 CA6140 型普通车床的电气原理图的简化，可得出如图 1-5-1 所示的照明、信号指示控制的电气线路图。

二、CA6140 型普通车床照明电路与信号电路工作原理分析

CA6140 型普通车床的照明与信号灯电路如图 1-5-1 所示。图中的控制变压器 TC 二次侧输出的 24V 和 6V 交流电压，分别作为车床低压照明灯和电源指示信号灯的电源。其中，

EL 作为车床的低压照明灯,使用的电源电压为 24V,由转换开关 SA 控制,FU4 作为短路保护。HL 为电源信号指示灯,使用的电源电压为 6V,FU3 作为短路保护。

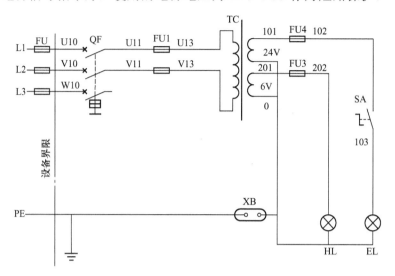

图 1-5-1　照明、信号指示控制的电气线路图

1. 机床电源信号指示灯的控制

当合上电源总开关 QF→信号灯 HL 发光,表明车床主电源已接通。
当拉下电源总开关 QF→信号灯 HL 熄灭,表明车床主电源已断开。

2. 机床局部照明电路的控制

开灯控制:合上电源总开关 QF→拨通转换开关 SA→照明灯 EL 点亮。
关灯控制:断开转换开关 SA→照明灯 EL 熄灭。

实施本任务教学所使用的实训设备及工具材料见表 1-5-1。

表 1-5-1　实训设备及工具材料

序号	分类	名称	型号规格	数量	单位	备注
1	工具	电工常用工具		1	套	
2		万用表	MF47 型	1	块	
3	仪表	兆欧表	500V	1	只	
4		钳形电流表		1	只	
5	设备器材	CA6140 型普通车床或模拟机床线路板		1	台	

一、熟悉 CA6140 型普通车床照明和信号指示控制线路

在教师的指导下,根据前面任务测绘出的 CA6140 型普通车床的电气接线图和电器位

置图，在车床上找出照明和信号指示的电气控制线路实际走线路径，并与如图 1-5-1 所示的电气线路图进行比较，为故障分析和检修做好准备。

1. 照明灯电路实际走线路径

照明灯电路实际走线路径如下。

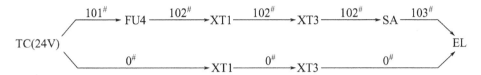

2. 信号灯电路实际走线路径

信号灯电路实际走线路径如下。

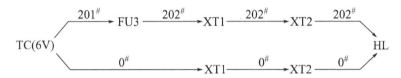

二、CA6140 型普通车床照明和信号指示控制线路常见故障分析与检修

第一，由教师在 CA6140 型普通车床（或车床模拟实训台）的照明和信号指示控制线路上，人为设置自然故障点，并进行故障分析和故障检修操作示范，让学生仔细观察教师示范检修过程。第二，在教师的指导下，让学生分组自行完成故障点的检修实训任务。CA6140 型普通车床照明和信号指示的电气控制线路常见故障现象和检修方法如下。

【故障现象】合上电源总开关 QF，信号灯 HL 不亮。

当合上电源总开关 QF，出现信号灯 HL 不亮时，不能盲目地检测信号指示电路，还应进行车床的综合试车。如拨通车床照明灯开关，观察照明灯 EL 是否点亮；或者按下启动按钮 SB2，观察主轴是否启动等，有助于缩小故障的最小范围，避免故障检测的盲目性，提高故障检修效率。合上电源总开关 QF，信号灯 HL 不亮的故障范围的判断方法主要有以下两种。

（1）当合上电源总开关 QF，信号灯 HL 不亮，然后拨通车床照明灯开关 SB3，观察照明灯 EL 是否点亮；或者按下启动按钮 SB2，观察主轴是否能启动运行。如果照明灯 EL 不亮或主轴电动机 M1 不能启动，则说明故障范围应在与控制电源变压器 TC 一次侧连接的回路上，可用虚线画出其最小故障范围，如图 1-5-2 所示。

【故障检修】该回路的检测方法在本课题任务 3 中已叙述，在此不再赘述。

（2）当合上电源总开关 QF，信号灯 HL 不亮，然后拨通车床照明灯开关 SB3 后，照明灯 EL 点亮。这说明故障范围应在与控制电源变压器 TC 的 6V 二次绕组连接的回路上，可用虚线画出其最小故障范围如图 1-5-3 所示。

【故障检修】由于故障出自在变压器 6V 二次绕组连接的回路上，所以不能采用验电笔测试法进行检测；而且由于信号指示灯与控制电源变压器距离较远，采用电阻测量法比较麻烦，因此提倡采用电压测量法进行检测。具体的检测方法如下。

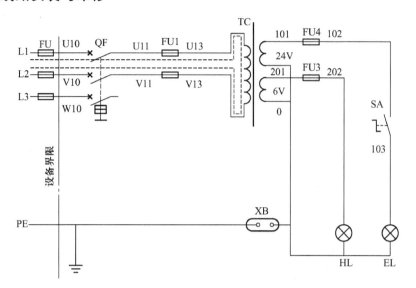

图 1-5-2　故障最小范围

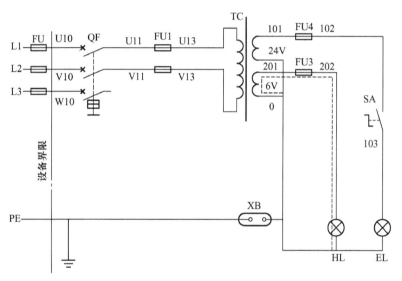

图 1-5-3　故障最小范围

① 以熔断器 FU3 为分界点，首先测量 201# 与 0# 之间的电压是否正常，若不正常则说明故障是 6V 二次绕组断路；若电压正常，就继续测量 202# 与 0# 之间的电压是否正常，如果所测的电压值不正常，则说明熔断器 FU3 的熔丝已断。

② 当确定熔断器 FU3 完好后，则检测信号指示灯 HL 灯座两端是否有 6V 电压，若电压正常，则说明是信号指示灯已坏或指示灯与灯座接触不良。若电压不正常，就将万用表的一支表笔固定在车床的金属外壳上，另一支表笔搭接在灯座的 202# 接线柱上，如果电压正常，则说明故障在 0# 连线上；如果电压不正常，则说明是 202# 连线接触不良。

（3）合上电源开关 QF，信号指示灯 HL 亮，拨通开关 SA，照明灯 EL 不亮。

【故障分析】采用逻辑分析法可将故障的最小范围用虚线表示，如图 1-5-4 所示。

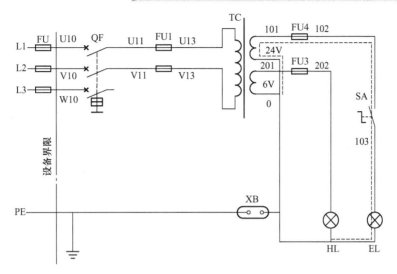

图 1-5-4　故障最小范围

【故障检修】在检修机床照明灯 EL 不亮的故障时，一般采取直观法和电压测量法。具体检测的方法和步骤如下。

① 首先用直观法观察机床照明灯的灯丝是否烧断，如果灯泡的灯丝完好，就将灯泡取下，然后采用电压测量法进行检测。具体检测方法如下。拨通 SA，将万用表的量程开关拨至交流 50V 挡，将一支表笔搭接在车床的导轨上，另一支表笔分别与照明灯 EL 的螺口灯头的中心弹簧片、金属螺纹圈搭接，观察两次测量的电压值。如果其中一次电压正常（万用表读数为 24V），另一次电压为 0V，则说明与灯头连接的 0# 连线已断或接触不良。如果所测量的两次电压值都为 0V，则说明故障范围在与照明灯 EL 灯头连接的 103# 的连线支路上。

② 当确定故障范围在与照明灯 EL 灯头连接的 103# 的连线支路上时，就打开壁龛门，压下 SQ2 传动杆，合上低压断路器 QF，以熔断器 FU4 为分界点，首先测量 101# 与 0# 之间的电压是否正常，若电压不正常则说明故障是 24V 二次绕组断路；若电压正常，就继续测量熔断器 FU4 的 102# 接线柱与 0# 之间的电压是否正常，如果所测的电压值不正常，则说明熔断器 FU4 的熔丝已断。

③ 如果熔断器 FU4 的 102# 接线柱与 0# 之间的电压正常，就检测转换开关 SA 的 102# 接线柱与 0# 之间的电压是否正常，若电压不正常，则说明故障在连接熔断器 FU4 和转换开关 SA 之间的 102# 连线接触不良。

④ 如果转换开关 SA 的 102# 接线柱与 0# 之间的电压正常，就检测转换开关 SA 的 103# 接线柱与 0# 之间的电压是否正常，如果电压不正常，则说明故障是转换开关 SA 的触点接触不良。如果电压值正常，则说明故障是连接转换开关 SA 与照明灯 EL 之间的 103# 连线接触不良。

 操作提示

在检测照明灯螺口灯头两端的电压时，应注意不能将螺口灯头中的中心弹簧片与金属螺纹圈短路，否则会扩大故障，严重时会损坏变压器。

检查评议

对任务实施的完成情况进行检查，并将结果填入任务测评表 1-5-2。

表 1-5-2　任务测评表

序号	考核内容	考核要求	评分标准	配分	扣分	得分
1	故障现象	正确观察机床的故障现象	能正确观察机床的故障现象，若故障现象判断错误，每个故障扣 10 分	10		
2	故障范围	用虚线在电气原理图中画出最小故障范围	能用虚线在电气原理图中画出最小故障范围，错判故障范围，每个故障扣 10 分；未缩小到最小故障范围，每个扣 5 分	20		
3	检修方法	检修步骤正确	（1）仪表和工具使用正确，否则每次扣 5 分 （2）检修步骤正确，否则每处扣 5 分	30		
4	故障排除	故障排除完全	故障排除完全，否则每个扣 10 分；不能查出故障点，每个故障扣 20 分；若扩大故障每个扣 20 分，若损坏电气元件，每只扣 10 分	30		
5	安全文明生产	（1）严格执行车间安全操作规程 （2）保持实习场地整洁，秩序井然	（1）发生安全事故扣 30 分 （2）违反文明生产要求视情况扣 5～10 分	10		
工时	30min	合　计				
开始时间		结束时间		成　绩		

问题及防治

学生在进行 CA6140 型普通车床照明和信号指示控制线路电气故障检修的过程中，时常会遇到如下问题。

问题 1： 在检修信号指示灯 HL 不亮的电气故障时，直接断开电源开关 QF，用电阻测量法检测指示灯两端的通路。

后果及原因： 由于信号指示灯 HL 与变压器 6V 二次绕组直接构成回路，如果直接用电阻测量法测量信号指示灯 HL 两端的通路，将会产生误判。

预防措施： 由于信号指示灯 EL 与控制电源变压器距离较远，采用电阻测量法比较麻烦，因此提倡采用电压测量法进行检测。如果一定要采用电阻测量法，必须断开回路，例如，可拔下熔断器 FU3 或者将信号指示灯按下再进行检测。

问题 2： 在检测照明灯 EL 不亮时，直接打开壁龛门对照明电气控制线路进行检测。

后果及原因： 电气故障的维修要求是在机床电气设备发生故障后，电气维修人员必须能及时、熟练、准确、安全地查出故障，并迅速将其排除，尽早恢复设备的正常运行。如果故障在电气控制箱外部，但检测时却直接进行电气控制箱里的电气线路检测，会延长故障的检修时间。

预防措施： 当照明灯 EL 不亮时，应首先采用直观法，观察灯泡的灯丝是否烧断，然后再用电压测量法进行检测，由外部检测开始，最后才检测电气控制箱里的电路。如果故障在壁龛门外，即可很快地将故障排除，节省排故时间。

考证测试题

考工要求

行为领域	鉴定范围	鉴定点	重要程度
理论知识	较复杂机械设备的装调与维修知识	CA6140 型普通车床电气系统的组成及工作特点	★★
		CA6140 型普通车床电气控制电路的组成、原理和故障现象分析及排除方法	★★★
操作技能	测绘	CA6140 型普通车床电气元件明细表的测绘	★★★
	设计、安装与调试	CA6140 型普通车床试车操作调试	★★
	机床电气控制电路维修	CA6140 型普通车床电气控制电路故障的检查、分析及排除	★★★

一、填空题（将正确的答案填在横线空白处）

1．CA6140 型普通车床的主要运动形式有切削运动、_____、辅助运动。

2．车床的切削运动包括_____、_____。

3．CA6140 型普通车床电动机没有反转控制，而主轴有反转要求，是靠_____实现的。

4．进给运动是刀架带动刀具的_____运动。

5．主驱动电动机选用三相笼型异步电动机，不进行电气调整。采用齿轮箱进行机械有级调速。为了减小振动，主驱动电动机通过几条_____皮带将动力传递到主轴箱。

6．冷却泵电动机 M2 和主轴电动机 M1 在_____电路中采用了顺序控制的方式，因此只有当主轴电动机 M1 启动后，再合上转换开关 SB4，中间继电器 KA1 才能吸合，冷却泵电动机 M2 才能启动。

7．从安全的需要考虑，刀架快速移动电动机 M3 采用_____控制，按下点动按钮 SB3，就可以控制刀架的快速移动。

8．人为设置的故障点必须是模拟车床在工作中由于受_____因素影响而造成的自然故障。

9．采用电压测量法时，一定要遵守安全用电操作规程，并要有人在旁_____，以防触电发生事故。检修过程中一定要使用_____性能合格的工具和仪表。

10．CA6140 型普通车床的照明和信号电路是由控制电源变压器_____V 绕组和_____V 绕组提供的低压安全电压。

11．验电笔测试法不适用于车床照明、信号电路常见故障检修，因为验电笔测试法只适用于检测对地电压高于验电笔氖管启辉电压的场所，无法对_____V 以下的电路进行定性检测。

12．当接触器触点的表面因氧化造成接触不良时，可用_____或_____清除表面，只要把氧化层除掉即可，不要过分地锉修触点而破坏触点的现状。

13．如果是因为触点的积垢而造成接触不良时，只需用棉花浸汽油或_____溶液进行清洗即可，注意不能用润滑液涂拭。

二、选择题（将正确答案的序号填入括号内）

1．车削加工是（　　），因此采用一般三相笼型异步电动机作为驱动电动机。

　　A．恒功率负载　　　　　B．恒转矩负载　　　　　C．恒转速负载

2．在进行 CA6140 型普通车床主轴电动机启动电流的测量时，由于启动电流是额定电流的 4～7 倍，因此，钳形电流表的量程应该超过这一数值的（　　）倍，否则容易损坏钳形电流表，或造成测量数据不准确。

　　A．1.2～1.5　　　　B．1.5～2　　　　C．2～2.5　　　　D．2.5～3

3．在进行电气设备试车前的绝缘电阻检测时，应先用（　　）对电动机及电动机引线进行对地绝缘测试，检查有无对地短路现象。

　　A．万用表　　　　B．单臂电桥　　　　C．兆欧表　　　　D．双臂电桥

4．CA6140 型普通车床主轴电动机运行正常，冷却泵电动机和快速移动电动机会发出"嗡嗡"声，可能是（　　）。

　　A．W 相熔断器 FU 熔丝断　　　　　　　B．W 相断路器 QF 接触不良

　　C．W 相熔断器 FU1 熔丝断

5．CA6140 型普通车床的 SB3 触点接触不良，会造成（　　）的现象。

　　A．主轴不能启动　　　　B．刀架不能快速移动　　　　C．冷却泵不能启动

6．接触器的触点若是镀银的触点，当触点中的银层被磨损而露铜，或触点严重磨损超过厚度的（　　）以上时，应更换新的触点。

　　A．1/2　　　　　　　B．1/3　　　　　　　C．1/4

7．对于单断点的铜触点，其超程一般取动静触点厚度之和的（　　）。

　　A．1/3～1/2　　　　B．1/4～1/3　　　　C．1/5～1/4

8．对于银或银基触点，其超程一般取动静触点厚度之和的（　　）。

　　A．1/3～1/2　　　　B．1/4～1/3　　　　C．1/2～1

三、简答题

1．简述 CA6140 型普通车床电气传动的特点。

2．简述 CA6140 型普通车床冷却泵电动机不能启动运行的故障原因，然后通过电气原理图画出故障最小范围，并写出检修的方法。

3．当 CA6140 型普通车床冷却泵电动机出现因过载而自动停止不能输送冷却液时，操作者立即关断 SB4 后，再次拨通 SB4，但冷却泵不能启动，试分析故障原因。

4．简述 CA6140 型普通车床照明灯不亮的故障原因，然后通过电气原理图画出故障最小范围，并写出检修的方法。

四、技能题

题目一：对照 CA6140 型普通车床实物进行电气元件明细表的测绘，同时写出试车的基本操作步骤，并进行试车操作调试。

1．操作要求。

（1）根据对实物的测绘，将 CA6140 型普通车床的元器件的名称、型号规格、作用及数量填在自己设计的电气元件明细表中。

（2）请在试卷上写出 CA6140 型普通车床基本试车操作调试步骤。

（3）CA6140 型普通车床的试车操作调试。

2．操作时限：120min。

3．配分及评分标准。

评分标准

序号	考核内容	考核要求	评分标准	配分	扣分	得分
1	测绘	对 CA6140 型普通车床的电器名称位置、型号规格及作用进行测绘	（1）对电器位置、型号规格及作用表达不清楚，每项扣 5 分 （2）每漏测绘一个电器扣 5 分 （3）测绘过程中损坏元器件，每只扣 10 分	30		
2	调试步骤的编写	试车操作调试步骤的编写	（1）每错、漏编写一个操作步骤扣 5 分 （2）不会写本项不得分	20		
3	试车	按照 CA6140 型普通车床正确的试车操作调试步骤进行操作试车	（1）试车操作步骤每错一次扣 5 分 （2）不会操作试车本项不得分	40		
4	安全文明生产	（1）遵守安全操作规程，正确使用工具，操作现场整洁 （2）安全用电，注意防火，无人身、设备事故	（1）不符合要求，每项扣 2 分，扣完为止 （2）因违规操作，发生触电、火灾、人身或设备事故，本题按 0 分处理	10		
工时	120min		合 计			
开始时间			结束时间		成 绩	

题目二： 在 CA6140 型普通车床实物（或模拟电气控制线路板）的电气控制线路上人为设置隐蔽的故障 3 处，请在规定的时间内，按照考核要求排除故障。

1．考核要求。

（1）根据故障现象在 CA6140 型普通车床电气控制线路图上，用虚线画出故障最小范围。

（2）检修方法及步骤正确合理，当故障排除后，请用" ＊ "在电气控制线路图中标出故障所在的位置。

（3）安全文明生产。

2．操作时限：30min。

3．配分及评标准。

评分标准

序号	考核内容	考核要求	评分标准	配分	扣分	得分
1	故障现象	正确观察车床的故障现象	能正确观察车床的故障现象，若故障现象判断错误，每个故障扣 10 分	10		
2	故障范围	用虚线在电气原理图中画出最小故障范围	能用虚线在电气原理图中画出最小故障范围，错判故障范围，每个故障扣 10 分；未缩小到最小故障范围，每个扣 5 分	20		
3	检修方法	检修步骤正确	（1）仪表和工具使用正确，否则每次扣 5 分 （2）检修步骤正确，否则每处扣 5 分	30		

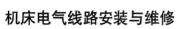

续表

序号	考核内容	考核要求	评分标准	配分	扣分	得分
4	故障排除	故障排除完全	故障排除完全，否则每个扣 10 分；不能查出故障点，每个故障扣 20 分；若扩大故障每个扣 20 分；若损坏电气元件，每只扣 10 分	30		
3	安全文明生产	（1）严格执行安全操作规程 （2）保持考场整洁，秩序井然	（1）发生安全事故取消考试资格 （2）违反文明生产要求视情况扣 5～10 分	10		
工时	30min		合　计			
开始时间			结束时间		成　绩	

模块 2 M7130 型平面磨床 电气控制线路安装与检修

任务 1 认识 M7130 型平面磨床

学习目标

知识目标：
1. 了解 M7130 型平面磨床的结构、作用和运动形式。
2. 熟悉 M7130 型平面磨床电气线路的组成及工作原理。
3. 熟悉构成 M7130 型平面磨床的操纵手柄、按钮和开关的功能。
4. 能正确识读 M7130 型平面磨床的元器件的位置、线路的大致走向。

能力目标：
能对 M7130 型平面磨床进行基本操作及调试。

素质目标：
养成独立思考和动手操作的习惯，培养小组协调能力和互相学习的精神。

工作任务

M7130 型平面磨床是一种用砂轮磨削加工各种零件平面的精密机床，如图 2-1-1 所示。该磨床操作方便，磨削精度和表面粗糙度都比较高，适于磨削精密零件和各种工具，并可做镜面磨削。本次工作任务是：通过观摩操作，认识 M7130 型平面磨床。具体任务要求如下。

（1）识别 M7130 型平面磨床的主要部件，清楚元器件位置及线路布线走向。

（2）通过磨床的磨削加工演示观察磨床的主运动、辅助运动，主要观察各种运动的操纵、电动机的运转状态及传动情况。

（3）细心观察、体会电磁吸盘与砂轮机和液压泵电动机之间的连锁关系。

（4）在教师指导下进行 M7130 型平面磨床充磁、退磁、启停、工作台往复运动、砂轮机的横向进给及升降操作。

图 2-1-1　M7130 型平面磨床外形图

相关知识

一、M7130 型平面磨床的型号规格

M7130 型平面磨床的型号规格及含义如下：

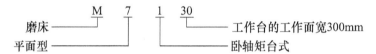

二、M7130 型平面磨床的主要结构及运动形式

　　M7130 型平面磨床是卧轴矩形工作台式，其外形结构如图 2-1-2 所示。它主要由床身、工作台、电磁吸盘、砂轮架（又称磨头）、滑座和立柱等部分组成。它的主运动是砂轮的快速旋转，辅助运动是工作台的纵向往复运动以及砂轮的横向和垂直进给运动。工作台每完成纵向往复运动，砂轮架横向进给一次，从而能连续地加工整个平面。当整个平面磨完一遍后，砂轮架在垂直于工件表面的方向移动一次，称为吃刀运动。通过吃刀运动，可将工件磨到所需的尺寸。其主要运动形式及控制要求见表 2-1-1。

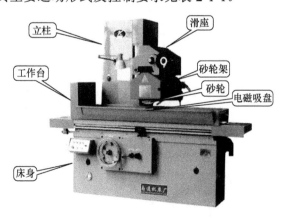

图 2-1-2　M7130 型平面磨床外形与结构图

表 2-1-1 M7130 型平面磨床主要运动形式及控制要求

运动类型	运动形式	控制要求
主运动	砂轮的旋转运动	（1）为保证磨削加工质量，要求砂轮有较高的转速，通常采用两极鼠笼型异步电动机 （2）为提高主轴的刚度，简化机械结构，一般采用装入式电动机，将砂轮直接装到电动机轴上 （3）砂轮电动机 M1 只要求单方向旋转，可采用直接启动，无须调速和制动要求
进给运动	工作台的纵向往复运动	（1）因为液压传动换向平稳，易于实现无级调速，所以液压泵电动机 M3 拖动液压泵使工作台在液压作用下纵向往复运动 （2）由装在工作台前侧的换向挡铁碰撞床身上的液压换向开关控制工作台进给方向
进给运动	砂轮架的横向进给运动	（1）在磨削的过程中，工作台每换向一次，砂轮架就横向进给一次 （2）在修正砂轮或调整砂轮的前后位置时，可连续横向移动 （3）砂轮架的横向进给运动既可由液压传动，也可由手轮来操作
进给运动	砂轮架的升降运动	（1）滑座沿立柱导轨垂直升降运动，以调整砂轮架的上下位置，或改变砂轮磨削工件时的磨削量 （2）垂直进给运动是通过操作手轮由机械传动装置实现的
辅助运动	工件的夹紧与放松	（1）工件可以用螺钉和压板直接固定在工作台上 （2）在工作台上也可以装电磁吸盘，将工件吸附在电磁吸盘上，因此要有充磁和退磁控制环节；为保证安全，电路中设有弱磁保护，当电磁吸盘吸力不足时，三台电动机随即停止
辅助运动	工作台的快速移动	工作台能在纵向、横向和垂直三个方向快速移动，它由液压传动机构实现
辅助运动	工件的冷却	冷却泵电动机 M2 拖动冷却泵旋转供给冷却液；要求砂轮电动机 M1 和冷却泵电动机 M2 要实现顺序控制

三、M7130 型平面磨床电气控制电路分析

M7130 型平面磨床电路的电路原理图由主电路、控制电路、电磁吸盘电路和照明电路四部分组成，其电路图如图 2-1-3 所示。

1．主电路分析

主电路如图 2-1-4 所示，图中有三台电动机，M1 为砂轮电动机，由接触器 KM1 控制，拖动砂轮高速旋转，实现对工件磨削加工，熔断器 FU1 作为短路保护，热继电器 FR1 作为过载保护；M2 为冷却泵电动机，由接触器 KM1 和接插器 X1 控制，M1 启动后 M2 才能启动，M2 带动冷却泵为磨削加工过程中供应冷却液，从而达到降低工件和砂轮温度的目的，同样也是由 FU1 和 FR1 分别作为 M2 的短路和过载保护；M3 为液压泵电动机，由交流接触器 KM2 控制，为液压系统提供动力，带动工作台往复运动以及砂轮架进给运动，M3 的短路保护由熔断器 FU1 实现，过载保护由热继电器 FR2 实现。

2．控制电路分析

控制电路如图 2-1-5 所示。在控制电路中，FU2 为控制电路的短路保护。控制电路包括砂轮控制和液压泵控制两部分。热继电器 FR1 和 FR2 常闭触点串联使用，目的是当砂轮电动机或液压泵电动机有任何一个过载时，两台电动机都要停止工作。转换开关 QS2 为电磁吸盘的控制开关，其工作位置有"吸合"、"放松"、"退磁"三个，其 6 区常开触点和欠电流继电器 KA 在 8 区的常开触点并联，其作用是只有两个常开触点有任意一个闭合，砂轮电动机和液压泵电机才能启动。SB1 为砂轮电动机启动按钮，SB2 为砂轮电动机停止按钮；SB3 为液压泵启动按钮，SB4 为液压泵停止按钮。

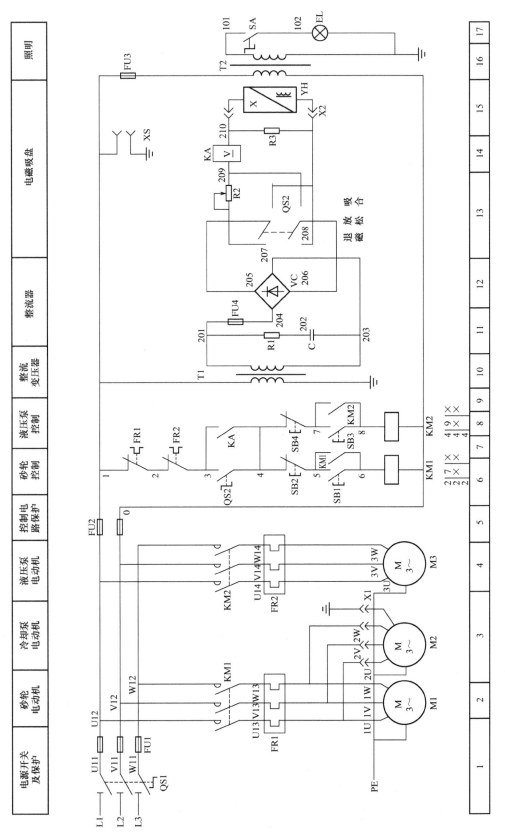

图 2-1-3 M7130 平面磨床电路图

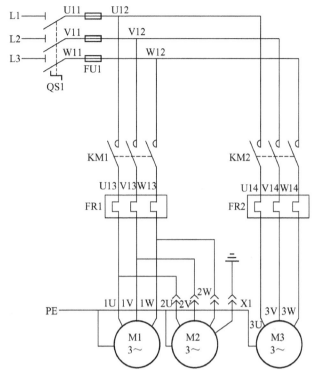

图 2-1-4 M7130 型平面磨床主电路

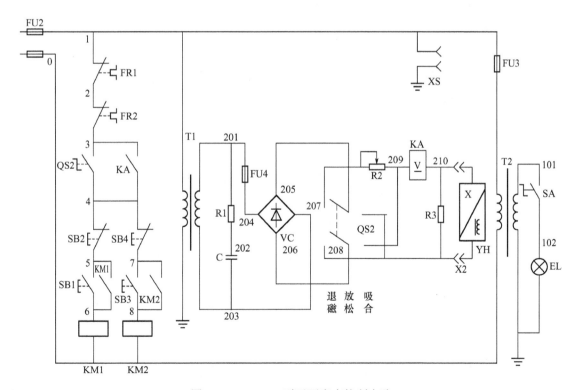

图 2-1-5 M7130 型平面磨床控制电路

工作过程如下。

（1）砂轮电动机的工作原理。

当 QS2 常开触点（6 区）或 KA 常开触点（8 区）闭合，按下 SB1，KM1 线圈得电，主触点闭合，M1 电动机启动，辅助常开触点（7 区）闭合自锁，按下 SB2，KM1 线圈断电，主触点分开，M1 电动机停止。

（2）液压泵电动机的工作原理。

按下 SB3，KM2 线圈得电，主触点闭合，M3 电动机启动，辅助常开触点（9 区）闭合自锁，按下 SB4，KM2 线圈断电，主触点分开，M3 电动机停止。

3. 电磁吸盘电路分析

电磁吸盘是通过电磁吸引力将铁磁材料吸引固定来进行磨削加工的装置，其结构如图 2-1-6 所示。电磁吸盘的外壳是由钢制的箱体和盖板组成的。在箱体内部有多个凸起的芯体，每个芯体上绕有电磁线圈，当线圈通入直流电后，使芯体被磁化形成磁极，当工件放上后会被同时磁化，与电磁吸盘相吸引，工件被牢牢吸住。

图 2-1-6　电磁吸盘结构图

电磁吸盘电路由整流电路、控制电路和保护电路三部分组成，如图 2-1-7 所示。

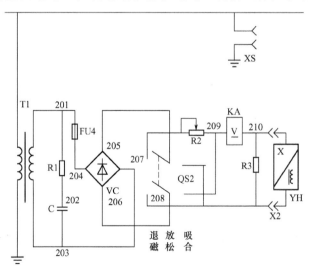

图 2-1-7　电磁吸盘电路

T1 为整流变压器，它将 220V 的交流电压降为 145V 后，送至桥式整流器 VC，整流输出 110V 的直流电压供给电磁吸盘的线圈。电阻 R1 和电容器 C 用来吸收交流电网的瞬时过电压和整流回路通断时在整流变压器 T1 二次侧产生的过电压，起到对整流装置的保护。

FU4 为整流回路的短路保护；KA 为欠电流继电器，其作用是一旦电磁吸盘线圈失电或电压降低，KA 的线圈因电压变化而释放其位于 8 区的常开触点 3 和 4，从而使正在工作的电动机 M1、M2、M3 停止工作，防止工件飞出发生事故；可变电阻器 R2 的作用是在电磁吸盘"退磁"时，用来限制反向去磁电流的大小，防止反向去磁电流过大而造成电磁吸盘反向充磁。YH 为电磁吸盘线圈，它是通过插接件 X2 与控制电路相连接；与其并联的电阻 R3 为电磁吸盘的放电电阻，因为电磁吸盘的线圈电感很大，当电磁吸盘由接通变为断开时，线圈两端会产生很高的自感电动势，很容易使线圈或其他元件损坏，故电阻 R3 在电磁吸盘断电瞬间给线圈提供放电回路。QS2 为电磁吸盘线圈的控制开关，它有"退磁"、"放松"和"吸合"三个位置。

电磁吸盘的控制过程如下。

将转换开关 QS2 扳至"吸合"位置时，触头 205 与 208 闭合，触头 206 与 209 闭合，110V 直流电压通过 205 与 208 的闭合触头，经过 X2 插接件进入线圈后，经 KA 欠电流继电器线圈，再通过 206 与 209 的闭合触头形成回路，从而使电磁吸盘产生磁场吸住工件。欠电流继电器 KA 因得到额定电压工作，其常开触头（8 区）闭合，为砂轮机和液压泵的启动做好准备。

当工件加工完毕，砂轮机和液压泵停止工作后，将 QS2 扳至"放松"位置，此时 QS2 的所有触点都断开，电磁吸盘线圈断电。因为工件具有剩磁而不能取下，故需要进行退磁。将 QS2 扳至"退磁"位置时，触头 205 与 207 闭合，触头 206 与 208 闭合，110V 直流电压通过 205 与 207 的闭合触头，经过限流电阻 R2 后经过 KA 欠电流继电器线圈和 X2 插接件，反向进入线圈，再通过 206 与 208 的闭合触头形成回路，使电磁吸盘线圈通入反方向电流而"退磁"。退磁结束后，将 QS2 扳至"放松"位置，即可取下工件。对于不宜退磁的工件，可将交流去磁器的插头插在床身上的插座 XS，将工件放在去磁器上去磁即可。

若工件用夹具固定在工作台上，不需要电磁吸盘时，应将电磁吸盘线圈 YH 的插头 X2 从插座上拔掉，同时将转换开关 QS2 扳至"退磁"位置，此时 QS2 位于 6 区的触点 3 和 4 闭合，接通电动机 M1、M2、M3 控制电路。

4．照明电路分析

照明电路由照明变压器 T2、开关 SA 和照明灯 EL 组成。照明变压器 T2 将 380V 的交流电压降为 36V 的安全电压供给照明灯。FU3 为照明电路提供短路保护。

M7130 型平面磨床接线图如图 2-1-8 所示。

任务准备

实施本任务所需准备的工具、仪表及设备如下。

（1）工具：扳手、螺钉旋具、尖嘴钳、剥线钳、电工刀、验电笔和铅笔及绘图工具等。

（2）仪表：万用表、兆欧表、钳形电流表。

（3）设备：M7130 型平面磨床。

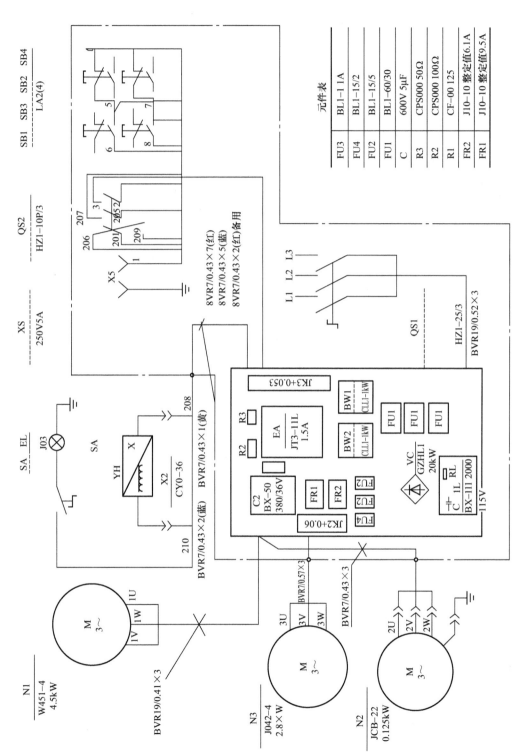

图 2-1-8　M7130 型平面磨床接线图

（4）M7130 平面磨床的电气元件明细表见表 2-1-2。

表 2-1-2 M7130 平面磨床的电气元件及耗材器材明细表

符号	元件名称	型号	规格	数量	用途
M1	砂轮电动机	W451-4	4.5kW、1440r/min	1	驱动砂轮
M2	冷却泵电动机	JCB-22	125W、2790r/min	1	驱动冷却泵
M3	液压泵电动机	JO42-4	2.8kW、1450r/min	1	驱动液压泵
QS1	电源开关	HZ1-25/3		1	引入电源
QS2	转换开关	HZ1-10P/3		1	控制电磁吸盘
SA	照明灯开关			1	控制照明灯
SB1	按钮	LA2	绿色	1	启动 M1
SB2	按钮	LA2	红色	1	停止 M1
SB3	按钮	LA2	绿色	1	启动 M3
SB4	按钮	LA2	红色	1	停止 M3
FU1	熔断器	RL1-60/30	60A、熔体 30A	1	总电源短路保护
FU2	熔断器	RL1-15	15A、熔体 5A	1	控制电路短路保护
FU3	熔断器	BLX-1	1A	1	照明电路短路保护
FU4	熔断器	RL1-15	15A、熔体 5A	1	整流电路短路保护
FR1	热继电器	JR10-10	9.5A	1	M1 过载保护
FR2	热继电器	JR10-10	6.1A	1	M3 过载保护
KM1	接触器	CJ0-10	380V、10A	1	控制 M1、M2
KM2	接触器	CJ0-10	380V、10A	1	控制 M3
T1	整流变压器	BK-400	400V·A、220/145V	1	降压整流
T2	照明变压器	BK-50	50V·A、380/36V	1	降压照明
VC	整流器	GZH	1A、200V	1	输出直流电压
KA	欠电流继电器	JT3-11L	1.5A	1	欠电流保护
YH	电磁吸盘		1.2A、110V	1	吸持工件
R1	电阻	GF	6W、125Ω	1	放电保护
R2	电位器	GF	50W、1000Ω	1	限制退磁电流
R3	电阻	GF	50W、500Ω	1	放电保护
X1	接插器	CY0-36		1	连接 M2
X2	接插器	CY0-36		1	连接电磁吸盘
XS	插座		250V、5A	1	交流退磁器用
C	电容		600V、5μF	1	放电保护
EL	照明灯	JD3		1	工作照明
TC	退磁器	TC1TH/H		1	工件退磁
	木螺丝	φ3×20mm；φ3×15mm		60 个	
	别径压端子	UT2.5-4，UT1-4		100 个	
	行线槽	TC3025，长 34cm，两边打φ3.5mm 孔		2 条	
	塑料软铜线	BVR-1.5		米	
	塑料软铜线	BVR-1.0		米	
	塑料软铜线	BVR-0.75		米	
	兆欧表	型号自定，或 500 V、0～200MΩ		1	
	钳形电流表	0～50A		1	
	劳保用品	绝缘鞋、工作服等		1	

 **任务实施**

一、分析绘制元器件布置图和接线图

通过观察 M7130 型平面磨床的结构和控制元器件，绘制出元器件布置图。

二、根据元器件布置图逐一核对所有低压电气元件

按照元器件布置图在机床上逐一找到所有电气元件，并在图纸上逐一做出标志，操作要求如下。

（1）此项操作断电进行。

（2）在核对过程中，观察并记录该电气元件的型号及安装方法。

（3）观察每个电气元件的线路连接方法。

（4）使用万用表测量各元件触点操作前后的通断情况并做记录。

三、M7130 型平面磨床电气控制线路的安装

根据图 2-1-3 所示的电路图和图 2-1-8 所示的电气接线图进行电气线路的安装。

四、操作并调试 M7130 型平面磨床

在教师的指导下，按照下述操作方法，完成对 M7130 型平面磨床的操作与调试。

1．开机前的准备工作

（1）检查机床各部件（外观）是否完好。

（2）检查各操作按钮、手柄是否在原位。

（3）按设备润滑图表进行注油润滑，检查油标油位。

（4）手动磨头升降、横向移动、工作台，拖板移位，观察各运动部件是否轻快。

2．开机操作调试方法步骤

（1）合上磨床电源总开关 QS1。

（2）将开关 SA 扳到闭合状态，机床工作照明灯 EL 亮，此时说明机床已处于带电状态，不要随意用手触摸机床电气部分，以防止人身触电事故。

（3）将转换开关 QS2 扳至"退磁"位置。

（4）按下按钮 SB3 启动液压泵电动机 M3。

（5）操作工作台纵向运动手轮，使工作台纵向运动至床身两端换向挡铁位置，观察工作台是否能够自动返回。

（6）扳动快速移动操作手柄，观察工作台纵向、横向和垂直 3 个方向的快速进给情况。

（7）操作手轮，观察砂轮架的横向进给情况。

（8）将工件放在电磁吸盘上，将转换开关 QS2 扳至"吸合"位置，检查工件固定情况。

（9）工件固定牢固后，按下按钮 SB1，启动砂轮电动机，待砂轮电动机工作稳定后，进行加工（工件加工需在机加工教师的指导下进行）。

（10）接通接插器 X1，使冷却泵电动机在砂轮电动机启动后运转，为加工面提供切削液。

（11）加工完毕后，按下按钮 SB2，停止砂轮电动机。

（12）按下按钮 SB4，停止液压泵电动机。

（13）将转换开关 QS2 扳至"退磁"位置，退磁结束后，将转换开关 QS2 扳至"放松"位置，将工件取下。

（14）关闭机床电源总开关 QS1。

（15）擦拭机床，清理机床周围杂物，打扫卫生，按设备润滑图表进行注油。

 检查评议

对任务实施的完成情况进行检查，并将结果填入任务测评表 2-1-3。

表 2-1-3　任务测评表

序号	主要内容	考核要求	评分标准	配分	扣分	得分
1	电气测绘	测绘出平面磨床电气安装接线图和电气原理图	（1）按照机床电气测绘的原则、方法和步骤进行电气测绘，并测绘出电气安装接线图和电气原理图，不按规定做扣 5～10 分 （2）测绘出的电气安装接线图和电气原理图正确，图形符号和文字符号标注规范，符号标注错误，每个扣 1 分；线路图不正确，每项扣 5 分。直到扣完本项分数	20		
2	安装前的检查	电气元件的检查	电气元件漏检或错检每处扣 2 分	5		
3	电气线路安装	根据电气安装接线图和电气原理图进行电气线路的安装	（1）电气元件安装合理、牢固，否则每个扣 2 分，损坏电气元件每个扣 10 分，电动机安装不符合要求每台扣 5 分 （2）板前配线合理、整齐美观，否则每处扣 2 分 （3）按图接线，功能齐全，否则扣 20 分 （4）控制配电板与机床电气部件的连接导线敷设符合要求，否则每根扣 3 分 （5）漏接接地线扣 10 分	35		
4	通电试车	按照正确的方法进行试车调试	（1）热继电器未整定或整定错误每只扣 5 分 （2）通电试车的方法和步骤正确，否则每项扣 5 分 （3）试车不成功扣 30 分	30		
5	安全文明生产	（1）严格执行车间安全操作规程 （2）保持实习场地整洁，秩序井然	（1）发生安全事故扣 30 分 （2）违反文明生产要求视情况扣 5～10 分	10		
工时	12h	其中控制配电板的板前配线 5h，上机安装与调试 7h；每超过 5min 扣 5 分		合　计		
开始时间			结束时间		成　绩	

任务2　M7130型平面磨床砂轮、冷却泵、液压泵电动机控制线路电气故障检修

学习目标

知识目标：

1. 熟悉照明变压器、热继电器、接触器及电动机的结构及工作特点。

2. 熟悉M7130型平面磨床照明线路的组成及工作原理。

3. 熟悉M7130型平面磨床砂轮、冷却泵电动机控制电路线路的组成及工作原理。

能力目标：

能完成M7130型平面磨床照明线路、砂轮、冷却泵及液压泵电动机控制线路常见故障的检修。

素质目标：

养成独立思考和动手操作的习惯，培养小组协调能力和互相学习的精神。

工作任务

M7130型平面磨床在使用过程中，由于电路老化、机械磨损、电气磨损或操作不当等原因而不可避免地会导致机床电气设备发生故障，从而影响机床的正常工作。因此，本次任务的主要内容是：按照常用机床电气设备的维修要求、检修方法和维修的步骤，完成对M7130型平面磨床的照明电路、砂轮电动机、冷却泵电动机和液压泵电动机控制线路常见电气故障的检修。

相关知识

一、M7130型平面磨床照明线路分析

M7130型平面磨床照明系统主要由照明变压器T2、熔断器FU3、开关SA和照明灯组成，其电路如图2-2-1所示。

照明电路的控制过程如下。

首先合上总电源开关QS1，然后将照明灯开关SA扳至"接通"位置，照明变压器T2得电，照明灯EL亮。当需要熄灯时，只要将SA扳至"断开"位置即可。

图2-2-1　M7130型平面磨床照明电路

二、砂轮、冷却泵、液压泵电动机控制电路分析

砂轮、冷却泵、液压泵电动机电气控制电路如图2-2-2所示。在主电路中，FU1为熔断器，主要对主电路进行短路保护。主电路的3台电动机，分别是砂轮电动机M1（拖动

砂轮旋转）、冷却泵电动机 M2（提供冷却液）和液压泵电动机 M3（拖动液压泵）。接触器 KM1 控制砂轮电动机 M1 的启停，热继电器 FR1 对电动机 M1 进行过载保护。接触器 KM2 控制液压泵电动机 M3 的启停，热继电器 FR2 对液压泵电动机 M3 进行过载保护。冷却泵电动机 M2 的控制是通过接插器 X1 和电动机 M1 的电源线相连，拔插 X1 来实现的，并和砂轮电动机 M1 在主电路上实现顺序控制。

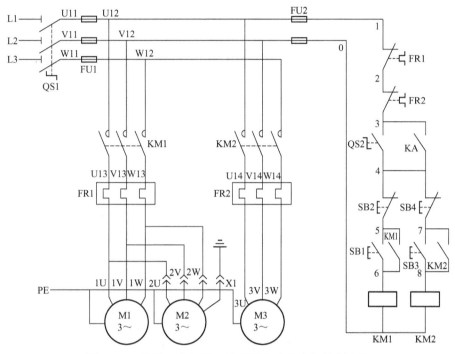

图 2-2-2　砂轮、冷却泵、液压泵电动机电气控制电路

　　在控制电路中，FU2 对控制电路实现短路保护。控制电路中热继电器 FR1 和 FR2 常闭触头串联使用，目的是当砂轮电动机或液压泵电动机有任何一个过载时，两台电动机都要停止工作。转换开关 SQ2 为电磁吸盘的控制开关，其工作位置有"吸合"、"放松"、"退磁" 3 个，其 6 区常开触头和欠流继电器 KA 在 8 区的常开触头并联，当两个常开触头有任何一个闭合时，砂轮电动机 M1 和液压泵电动机 M3 才能启动。SB1 为砂轮电动机启动按钮，SB2 为砂轮电动机的停止按钮；SB3 为液压泵电动机启动按钮，SB4 为液压泵电动机的停止按钮。

　　砂轮、冷却泵、液压泵电动机电气控制过程如下。

1.　砂轮电动机 M1 的控制

　　当转换开关 QS2 的常开触头（6 区）闭合，或电磁吸盘得电工作，欠电流继电器 KA 线圈得电吸合，其常开触头（8 区）闭合时，按下启动按钮 SB1，接触器 KM1 线圈得电并自锁，KM1 主触头闭合，砂轮电动机 M1 得电启动连续运转，按下停止按钮 SB2，KM1 失电，各触头立即恢复初始状态，M1 失电停止运转。

2.　冷却泵电动机 M2 的控制

　　按下启动按钮 SB1，砂轮电动机 M1 启动后，插上接插器 X1 后，冷却泵电动机 M2 随即启动运行。

3. 液压泵电动机 M3 的控制

按下启动按钮 SB3，接触器 KM2 线圈得电并自锁，KM2 主触头闭合，液压泵电动机 M3 得电启动连续运转，通过液压机构带动工作台纵向进给和砂轮架横向进给以及垂直进给；按下停止按钮 SB4，KM2 线圈失电，KM2 各触头立即恢复初始状态，M3 失电停止运转。

 **任务准备**

实施本任务教学所使用的实训设备及工具材料见表 2-2-1。

表 2-2-1　实训设备及工具材料

序号	分类	名称	型号规格	数量	单位	备注
1	工具	电工常用工具		1	套	
2	仪表	万用表	MF47 型	1	块	
3		兆欧表	500V	1	只	
4		钳形电流表		1	只	
5	设备器材	M7130 型平面磨床或模拟机床线路板		1	台	

 任务实施

一、熟悉 M7130 型平面磨床照明电路和砂轮、冷却泵、液压泵电动机控制线路

在教师的指导下，根据前面任务测绘出的 M7130 型平面磨床的电气接线图和电器位置图，在磨床上找出照明电路和砂轮、冷却泵、液压泵电动机控制线路实际走线路径，并与如图 2-2-1 和图 2-2-2 所示的电气线路图进行比较，为故障分析和检修做好准备。

二、M7130 型平面磨床照明电路常见故障分析与检修

第一，由教师在 M7130 型平面磨床（或模拟实训台）的照明电路上，人为设置自然故障点，并进行故障分析和故障检修操作示范，让学生仔细观察教师示范检修过程。第二，在教师的指导下，让学生分组自行完成故障点的检修实训任务。M7130 型平面磨床照明电路常见故障现象和检修方法如下。

M7130 型平面磨床照明电路常见故障为照明灯不亮，其故障分析及检修方法如图 2-2-3 所示。

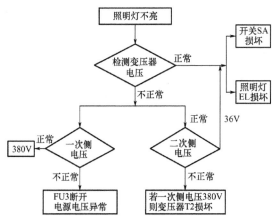

图 2-2-3　M7130 型平面磨床照明电路检修流程图

三、砂轮、冷却泵电动机控制电路常见故障分析与检修

第一，由教师在 M7130 型平面磨床（或模拟实训台）的砂轮、冷却泵电动机的主电路和控制电路上人为设置自然故障点 1～2 处。第二，在教师的指导下，让学生分组自行完成故障点的检修实训任务。M7130 型平面磨床砂轮、冷却泵电动机的主电路和控制电路常见故障现象和检修方法如下。

1. M7130 型平面磨床砂轮、冷却泵、液压泵电动机主电路的故障检修

M7130 型平面磨床砂轮、冷却泵、液压泵电动机主电路的故障检修方法与 CA6140 型普通车床主电路的故障检修方法相似，在此不再赘述。所不同的是 M7130 型平面磨床冷却泵电动机是通过接插器 X1 和电动机 M1 进线并联，同砂轮电动机 M1 实现主电路顺序控制。如砂轮电动机工作正常，而冷却泵不工作或转速很慢并发出"嗡嗡"声，应首先检查接插器 X1 是否接触良好，若接插器没有问题，则检查冷却泵电动机 M2 的接线是否脱落，绕组是否烧坏。

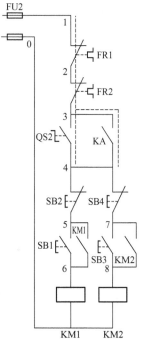

图 2-2-4　故障最小范围

2. M7130 型平面磨床冷却泵、液压泵电动机控制电路故障检修

【故障现象】在电磁吸盘正常工作的情况下，分别按下启动按钮 SB1、SB3 后，砂轮电动机和液压泵电动机都不转（不能启动）。

【故障分析】采用逻辑分析法对故障现象进行分析可知，砂轮电动机和液压泵电动机不能启动运转的原因是接触器 KM1 和 KM2 未能吸合造成的。可用虚线画出该故障的最小范围，如图 2-2-4 所示。

【故障检修】根据图 2-2-4 所示的最小故障范围，采用电压测量法和电阻测量法配合进行检修。

（1）在电磁吸盘正常工作的情况下，按下按钮 SB1，接触器 KM1 不吸合，砂轮不转；按下按钮 SB3，接触器 KM2 吸合，液压泵电动机 M3 正常运行（砂轮电动机 M1、冷却泵电动机 M2 不正常、液压泵电动机 M3 正常）。画出故障最小范围，并说出故障检修方法。

（2）在电磁吸盘正常工作的情况下，按下按钮 SB1，接触器 KM1 吸合，砂轮运转；按下按钮 SB3，接触器 KM2 不吸合，液压泵电动机 M3 不转（砂轮电动机 M1、冷却泵电动机 M2 正常、液压泵电动机 M3 不正常）。画出故障最小范围，并说出故障检修方法。

（3）在电磁吸盘和液压泵电动机正常工作的情况下，按下按钮 SB1，接触器 KM1 吸合，砂轮运转；松开按钮 SB1，接触器 KM1 断开，砂轮停下。画出故障最小范围，并说出故障检修方法。

操作提示

（1）操作时不要损坏元件。

（2）各控制开关的检测，测通断电阻时，必须断电。

（3）检修过程中不要损伤导线或使导线连接脱落。

（4）冷却泵电源接插器插拔时要断电进行。

检查评议

对任务实施的完成情况进行检查，并将结果填入任务测评表 2-2-2。

表 2-2-2　任务测评表

序号	考核内容	考核要求	评分标准	配分	扣分	得分
1	故障现象	正确观察平面磨床的故障现象	能正确观察平面磨床的故障现象，若故障现象判断错误，每个故障扣 10 分	10		
2	故障范围	用虚线在电气原理图中画出最小故障范围	能用虚线在电气原理图中画出最小故障范围，错判故障范围，每个故障扣 10 分；未缩小到最小故障范围每个扣 5 分	20		
3	检修方法	检修步骤正确	（1）仪表和工具使用正确，否则每次扣 5 分 （2）检修步骤正确，否则每处扣 5 分	30		
4	故障排除	故障排除完全	故障排除完全，否则每个扣 10 分；不能查出故障点，每个故障扣 20 分；若扩大故障，每个扣 20 分，如损坏电气元件，每只扣 10 分	30		
5	安全文明生产	（1）严格执行车间安全操作规程 （2）保持实习场地整洁，秩序井然	（1）发生安全事故扣 30 分 （2）违反文明生产要求视情况扣 5～10 分	10		
工时	30min	合　计				
开始时间		结束时间		成　绩		

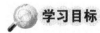任务 3　M7130 型平面磨床电磁吸盘常见故障维修

学习目标

知识目标：

1. 了解欠电流继电器结构及工作原理。

2. 熟悉电磁吸盘的结构及工作原理。

能力目标：

能完成 M7130 型平面磨床电磁吸盘常见故障的检修。

素质目标：

养成独立思考和动手操作的习惯，培养小组协调能力和互相学习的精神。

工作任务

M7130 型平面磨床的电磁吸盘是用来固定工件的一种夹具，因其夹紧迅速、操作快速方便。因此本次任务的内容是：按照常用机床电气设备的维修要求、检修方法和维修的步骤，完成对 M7130 型平面磨床电磁吸盘电路常见故障维修。

相关知识

一、M7130 磨床电磁吸盘整流线路分析

M7130 平面磨床电磁吸盘整流电路主要由整流桥 VC、整流变压器 T1、熔断器 FU4、电阻 R1 和电容器 C1 组成，其电路如图 2-3-1 所示（具体控制过程在任务 1 中已讲述）。

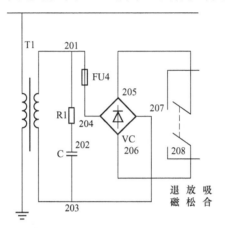

图 2-3-1　电磁吸盘整流电路图

二、M7130 型平面磨床电磁吸盘控制电路分析

M7130 型平面磨床电磁吸盘电路主要有转换开关 QS2、吸盘线圈、欠电流继电器 KA、退磁电阻 R2、放电电阻 R3 和接插器 X2 组成，其电路如图 2-3-2 所示（具体控制过程在任务 1 中已讲述）。

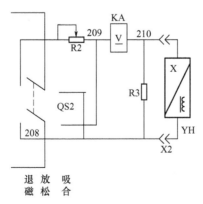

图 2-3-2　电磁吸盘电路图

1．电流继电器

反映输入量为电流的继电器称为电流继电器。电流继电器的线圈串联在被测电路中，当通过线圈的电流达到预定值时，其触头动作。常用的电流继电器分为过电流继电器和欠电流继电器。常见电流继电器如图 2-3-3 所示，电流继电器线圈和触点符号如图 2-3-4 所示。

图 2-3-3　电流继电器

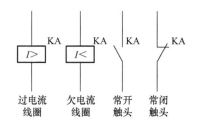

图 2-3-4　电流继电器线圈触点符号

（1）过电流继电器。当通过继电器的电流超过预定值时就动作的继电器称为过电流继电器。在正常工作中，流过线圈的电流为正常负荷电流，继电器不动作，当流过线圈电流超过整定值时，继电器动作，其常开触点闭合，常闭触点断开。过电流继电器常在控制系统中做过电流和短路保护。

（2）欠电流继电器。当通过继电器的电流减小到低于其整定值时就动作的继电器称为欠电流继电器。在正常工作中，流过线圈的电流为正常负荷电流，继电器动作，其常开触点闭合，常闭触点断开，当流过线圈电流降低到某一值时，继电器衔铁释放，使其触点复位，即常开触点断开，常闭触点闭合。欠电流继电器常用于直流回路的断线保护，如直流电动机励磁回路的断电保护，机床电磁吸盘的弱磁保护。

（3）电流继电器的型号含义。

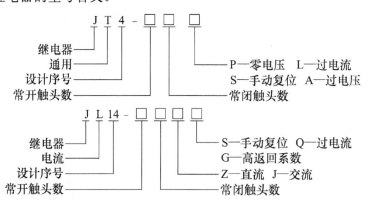

M7130 平面磨床使用的是 JT3-11L 型欠电流继电器，其作用是当电磁吸盘断电或电磁吸盘线圈电流过小（即产生吸力不足）时，串在吸盘线圈电路中的欠电流继电器线圈带动衔铁动作，使位于 8 区的 KA 常开触点断开，停止正在工作的砂轮机和液压泵，以防止工件飞出伤人。

**任务准备**

实施本任务教学所使用的实训设备及工具材料见表 2-3-1。

表 2-3-1　实训设备及工具材料

序号	分类	名称	型号规格	数量	单位	备注
1	工具	电工常用工具		1	套	
2	仪表	万用表	MF47 型	1	块	
3		兆欧表	500V	1	只	
4		钳形电流表		1	只	
5	设备器材	M7130 型平面磨床或模拟机床线路板		1	台	

**任务实施**

一、熟悉 M7130 型平面磨床电磁吸盘整流电路、电磁吸盘控制线路

在教师的指导下，根据前面任务测绘出的 M7130 型平面磨床的电气接线图和电器位置图，在磨床上找出电磁吸盘整流电路、电磁吸盘控制线路实际走线路径，并与图 2-3-1 和图 2-3-2 所示的电气线路图进行比较，为故障分析和检修做好准备。

二、M7130 型平面磨床电磁吸盘整流电路常见故障分析与检修

第一，由教师在 M7130 型平面磨床（或模拟实训台）的电磁吸盘整流电路上，人为设置自然故障点，并进行故障分析和故障检修操作示范，让学生仔细观察教师示范检修过程。第二，在教师的指导下，让学生分组自行完成故障点的检修实训任务。M7130 型平面磨床电磁吸盘整流电路常见故障现象和检修方法如下。

【故障现象】整流器输出直流电压偏低或没有，导致电磁吸盘无吸力或吸力不足。

【故障分析】因熔断器 FU4 熔断而造成电磁吸盘断电无吸引力，其主要原因是整流器 VC 短路，使整流变压器二次侧电流太大，造成 FU4 熔断。整流变压器 VC 输出电压低，其主要原因是个别整流二极管发生断路或短路，如整流桥臂有一侧不工作，会造成输出电压降低一半。造成整流元件损坏主要是因为元件过电压或过热。电磁吸盘线圈电感量很大，当放电电阻 R3 损坏或断路时，当线圈断开时产生的瞬时高压会击穿整流二极管；整流二极管本身热容量很小，当整流器过载时，因电流过大造成元件急剧升温，也会造成二极管烧坏。

【故障检修】电磁吸盘整流电路故障检修步骤如图 2-3-5 所示。

三、M7130 型平面磨床电磁吸盘电路常见故障分析与检修

第一，由教师在 M7130 型平面磨床（或模拟实训台）电磁吸盘电路上人为设置自然故障点 1～2 处。第二，在教师的指导下，让学生分组自行完成故障点的检修实训任务。M7130 型平面磨床电磁吸盘电路常见故障现象和检修方法如下。

【故障现象】电磁吸盘无吸力或吸力不足；电磁吸盘退磁效果差，退磁后工件难以取下。

【故障分析】一是整流电路故障无直流电压输出，造成吸盘线圈不工作；二是吸盘线圈本身断路或损坏。造成吸盘吸力不足原因：一是电源或整流器故障供给吸盘线圈直流电压

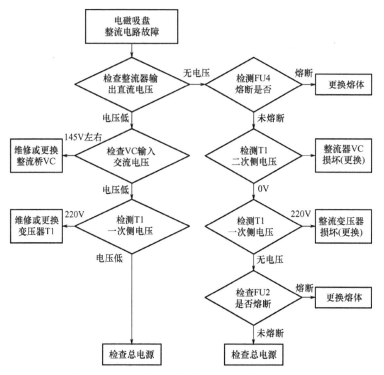

低；二是吸盘线圈本身局部短路，使电感量降低从而造成吸引力降低。造成电磁吸盘退磁不好的原因：一是退磁电压过高；二是退磁时间太长或太短；三是退磁电路断开，工件没有退磁。

图 2-3-5　电磁吸盘整流电路故障检修流程图

【故障检修】电磁吸盘电路故障检修步骤如图 2-3-6 所示。

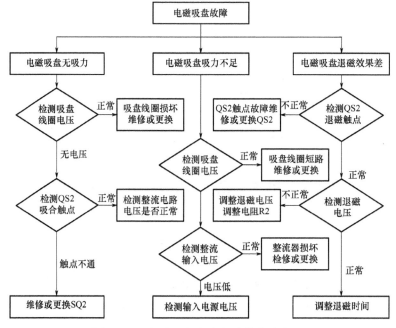

图 2-3-6　电磁吸盘电路故障检修流程图

操作提示

（1）用万用表电阻挡测各触点通断时，注意防止与其并联的其他回路对它的影响，电阻挡位一般选 R×1 或 R×10。

（2）用万用表检测整流二极管时，要断电进行。

（3）测量电压时，在不清楚该处电压等级大小时，先选高的挡位测量，以避免烧坏万用表。

（4）测量吸盘线圈好坏时，要将线圈从线路上断开后再测量。

（5）在吸盘线圈损坏时，若通电测量整流电路是否正常，可用 110V、100W 的白炽灯做负载。

（6）整流器更换时，注意输入、输出端的连接顺序，即整流二极管的极性。

 检查评议

对任务实施的完成情况进行检查，并将结果填入任务测评表 2-3-2。

表 2-3-2 任务测评表

序号	考核内容	考核要求	评分标准	配分	扣分	得分
1	故障现象	正确观察平面磨床的故障现象	能正确观察平面磨床的故障现象，若故障现象判断错误，每个故障扣 10 分	10		
2	故障范围	用虚线在电气原理图中画出最小故障范围	能用虚线在电气原理图中画出最小故障范围，错判故障范围，每个故障扣 10 分；未缩小到最小故障范围，每个扣 5 分	20		
3	检修方法	检修步骤正确	（1）仪表和工具使用正确，否则每次扣 5 分 （2）检修步骤正确，否则每处扣 5 分	30		
4	故障排除	故障排除完全	故障排除完全，否则每个扣 10 分；不能查出故障点，每个故障扣 20 分；若扩大故障每个扣 20 分，若损坏电气元件，每只扣 10 分	30		
5	安全文明生产	（1）严格执行车间安全操作规程 （2）保持实习场地整洁，秩序井然	（1）发生安全事故扣 30 分 （2）违反文明生产要求视情况扣 5～10 分	10		
工时	30min		合 计			
开始时间			结束时间	成 绩		

考证测试题

考工要求

行为领域	鉴定范围	鉴定点	重要程度
理论知识	较复杂机械设备的装调与维修知识	M7130 型平面磨床电气系统的组成及工作特点	★★
		M7130 型平面磨床电气控制电路的组成、原理和故障现象分析及排除方法	★★★
操作技能	测绘	M7130 型平面磨床电气元件明细表的测绘	★★★
	设计、安装与调试	M7130 型平面磨床试车操作调试	★★
	机床电气控制电路维修	M7130 型平面磨床电气控制电路故障的检查、分析及排除	★★★

一、填空题（将正确的答案填在横线空白处）

1. M7130 型平面磨床是一种用_____磨削加工各种零件的_____的精密机床。

2. M7130 型平面磨床是_____矩形工作台式，主要由床身、工作台、_____、砂轮架（又称磨头）、滑座和_____等部分组成。

3. M7130 型平面磨床的辅助运动是工作台的_____往复运动以及砂轮的横向和_____进给运动。

4. M7130 型平面磨床的往复运动，是由_____传动完成的。

5. M7130 型平面磨床应先确保_____得电并工作正常，才能启动砂轮，电气上靠_____来实现。

6. 当平面磨床加工完毕后，取下的工件必须去磁，先把 QS2 扳到_____位置，切断电磁吸盘 YH 的直流电源，然后将 QS2 扳到_____位置退磁。

7. 3 台电动机启动的必要条件是使_____或_____的常开触头闭合。

8. 电磁吸盘是通过_____吸引力将_____材料吸引固定来进行磨削加工的装置。

二、选择题（将正确答案的序号填入括号内）

1. 平面磨床砂轮在加工中（ ）。
   A．需要调速 B．不需要调速 C．对调速可有可无

2. 电磁吸盘电路中 R2 开路，会造成（ ）；R3 开路，会造成（ ）。
   A．吸盘不能充磁 B．吸盘不能快速退磁 C．不能充磁，也不能退磁

3. 插座 XS 的作用是（ ）。
   A．保护吸盘 B．充磁 C．退磁 D．既充磁又退磁

4. 能否在电磁吸盘线圈上并联续流二极管？（ ）。
   A．可以 B．不可以

三、简答题

1. 简述 M7130 型平面磨床使用欠电流继电器的作用。

2. M7130 型平面磨床电磁吸盘电路的整流器输出直流电压偏低或没有，会造成什么后果？试分析原因。

3. 电磁吸盘无吸力或吸力不足；电磁吸盘退磁效果差，退磁后工件难以取下，试分析故障原因。

四、技能题

题目一：对照 M7130 型平面磨床实物进行电气元件明细表的测绘，同时写出试车的基本操作步骤，并进行试车操作调试。

1. 操作要求。

（1）根据对实物的测绘，将 M7130 型平面磨床的元器件的名称、型号规格、作用及数量填在自己设计的电气元件明细表中。

（2）请在试卷上写出 M7130 型平面磨床基本试车操作调试步骤。

（3）M7130 型平面磨床的试车操作调试。

2. 操作时限：120min。

3．配分及评分标准。

评分标准

序号	考核内容	考核要求	评分标准	配分	扣分	得分
1	测绘	对 M7130 型平面磨床的电器名称位置、型号规格及作用进行测绘	（1）对电器位置、型号规格及作用表达不清楚，每个扣 5 分 （2）每漏测绘一个电器扣 5 分 （3）测绘过程中损坏元器件，每只扣 10 分	30		
2	调试步骤的编写	试车操作调试步骤的编写	（1）每错、漏编写一个操作步骤扣 5 分 （2）不会写本项不得分	20		
3	试车	按照 M7130 型平面磨床正确的试车操作调试步骤进行操作试车	（1）试车操作步骤每错一次扣 5 分 （2）不会操作试车本项不得分	40		
4	安全文明生产	（1）遵守安全操作规程，正确使用工具，操作现场整洁 （2）安全用电，注意防火，无人身、设备事故	（1）不符合要求，每项扣 2 分，扣完为止 （2）因违规操作，发生触电、火灾、人身或设备事故，本题按 0 分处理	10		
工时	120min		合　计			
开始时间			结束时间		成绩	

题目二：在 M7130 型平面磨床实物（或模拟电气控制线路板）的电气控制线路上人为地设置隐蔽的故障 3 处，请在规定的时间内，按照考核要求排除故障。

1．考核要求。

（1）根据故障现象在 M7130 型平面磨床电气控制线路图上，用虚线画出故障最小范围。

（2）检修方法及步骤正确合理，当故障排除后，请用"＊"在电气控制线路图中标出故障所在的位置。

（3）安全文明生产。

2．操作时限：30min。

3．配分及评标准。

评分标准

序号	考核内容	考核要求	评分标准	配分	扣分	得分
1	故障现象	正确观察磨床的故障现象	能正确观察磨床的故障现象，若故障现象判断错误，每个故障扣 10 分	10		
2	故障范围	用虚线在电气原理图中画出最小故障范围	能用虚线在电气原理图中画出最小故障范围，错判故障范围，每个故障扣 10 分；未缩小到最小故障范围，每个扣 5 分	20		
3	检修方法	检修步骤正确	（1）仪表和工具使用正确，否则每次扣 5 分 （2）检修步骤正确，否则每处扣 5 分	30		
4	故障排除	故障排除完全	故障排除完全，否则每个扣 10 分；不能查出故障点，每个故障扣 20 分；若扩大故障，每个扣 20 分；若损坏电气元件，每只扣 10 分	30		
5	安全文明生产	（1）严格执行安全操作规程 （2）保持考场整洁，秩序井然	（1）发生安全事故取消考试资格 （2）违反文明生产要求视情况扣 5～10 分	10		
工时	30min	合　计				
开始时间			结束时间		成绩	

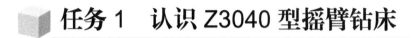

模块 3 Z3040 型摇臂钻床电气控制线路安装与检修

任务 1　认识 Z3040 型摇臂钻床

学习目标

知识目标：

1. 了解钻床的功能、结构及加工特点。

2. 熟悉 Z3040 型摇臂钻床电气线路的组成及工作原理，能正确识读 Z3040 型摇臂钻床控制电路的原理图、接线图和布置图。

3. 熟悉构成 Z3040 型摇臂钻床的操纵手柄、按钮和开关的功能。

4. 熟悉 Z3040 型摇臂钻床的元器件的位置、线路的大致走向。

5. 熟悉 Z3040 型摇臂钻床电气控制电路的特点，掌握电气控制电路的动作原理。

能力目标：

1. 能对 Z3040 型摇臂钻床进行基本操作及调试。

2. 能够对钻床进行操作并清楚摇臂升降、夹紧放松等各运动中行程开关的作用及其逻辑关系。

素质目标：

养成独立思考和动手操作的习惯，培养小组协调能力和互相学习的精神。

工作任务

钻床是一种孔加工机床，可以用来钻孔，扩孔，铰孔，攻螺纹及修刮端面等多种形式的加工。钻床种类繁多，有台钻、立式钻床、卧式钻床、数控钻床等。摇臂钻床是一种立式钻床，它适用于单件或批量生产中带有多孔大型零件的孔加工，是一般机械加工车间常用的机床。Z3040 型摇臂钻床的外形图如图 3-1-1 所示。本次工作任务是：通过观摩操作，认识 Z3040 型摇臂钻床。具体任务要求如下。

（1）识别 Z3040 型摇臂钻床主要部件，清楚元器件位置及线路布线走向。

（2）掌握构成 Z3040 型摇臂钻床的操纵手柄、按钮和开关的功能。

（3）通过对钻床进行操作并清楚摇臂升降、夹紧放松等各运动中行程开关的作用及其逻辑关系。

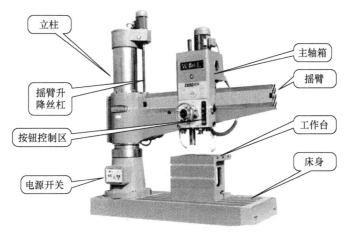

图 3-1-1　Z3040 型摇臂钻床外形图

相关知识

一、Z3040 型摇臂钻床结构及运动形式

Z3040 型摇臂钻床是一种立式钻床，主要有床身、立柱、摇臂、主轴箱及工作台组成，其外形如图 3-1-1 所示。

Z3040 型摇臂钻床的运动形式如下。

1. 主轴带刀具的旋转与进给运动

主轴的转动与进给运动有一台三相交流异步电动机（3kW）驱动，主轴的转动方向由机械及液压装置控制。

2. 各运动部分的移位运动

主轴在三维空间的移位运动有主轴箱沿摇臂方向的水平移动（平动），摇臂沿外立柱的升降运动（摇臂的升降运动由一台 1.1kW 笼型三相异步电动机拖动），外立柱带动摇臂沿内立柱的回转运动（手动）三种，各运动部件的移位运动用于实现主轴的对刀移位。

3. 移位运动部件的夹紧与放松

摇臂钻床的三种对刀移位装置对应三套夹紧与放松装置，对刀移动时，需要将装置放松，机加工过程中，需要将装置夹紧。三套夹紧装置分别为摇臂夹紧（摇臂与外立柱之间）；主轴箱夹紧（主轴箱与摇臂导轨之间）；立柱夹紧（外立柱和内立柱之间）。通常主轴箱和立柱的夹紧与放松同时进行。摇臂的夹紧与放松则要与摇臂升降运动结合进行。

二、Z3040 型摇臂钻床电气控制线路分析

Z3040 型摇臂钻床电路的原理图由主电路、控制电路和照明信号电路三部分组成，电路图如图 3-1-2 所示。

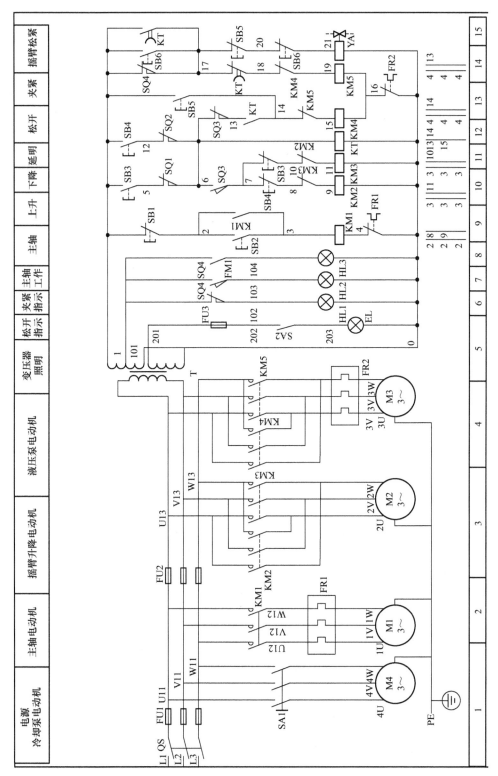

图 3-1-2　Z3040 摇臂钻床电路图

1. 主电路分析

Z3040 型摇臂钻床共有四台三相异步电动机,其中主轴电动机 M1 由接触器 KM1 控制,热继电器 FR1 作为过载保护,主轴的正反转是通过机械系统来实现的。摇臂升降电动机 M2 由接触器 KM2 和 KM3 控制,FU2 作为短路保护。立柱松紧电动机 M3 由接触器 KM4 和 KM5 控制,FU2 作为短路保护。冷却泵电动机 M4 由转换开关 SA1 控制,摇臂上的电气设备电源通过转换开关 QS 引入,本机床的电源是三相 380V,50Hz。

2. 控制电路分析

考虑安全可靠和满足照明指示灯的要求,采用控制变压器 TC 降压供电,其一次侧为交流 380V,二次侧为 127V、36V、6.3V,其中 127V 电压供给控制电路,36V 电压控制局部照明电源,6.3V 作为信号指示电源。

(1)主轴电动机 M1 的控制。

主轴电动机 M1 的启/停由按钮 SB1、SB2 和接触器 KM1 线圈及自锁触点来控制。

按下启动按钮 SB2(2-3),接触器 KM1 线圈通电吸合且 KM1(2-3)常开触点实现自锁,其主触点 KM1(2 区)接通主拖动电动机的电源,主电动机 M1 旋转。需要使主电动机停止工作时,按停止按钮 SB1(1-2),接触器 KM1 断电释放,主电动机 M1 被切断电源而停止工作。主电动机采用热继电器 FR1(4-0)作为过载保护,采用熔断器 FU1 作为短路保护。

主电动机的工作指示由 KM1(101-104)的辅助常开触点控制指示灯 HL1 来实现,当主电动机在工作时,指示灯 HL1 亮。

(2)摇臂升降电动机的控制。

摇臂的放松、升降及夹紧的工作工程是通过控制按钮 SB3(或 SB4)、接触器 KM2 和 KM3、位置开关 SQ1、SQ2 和 SQ3、控制电动机 M2 和 M3 来实现的。摇臂升降运动必须在摇臂完全放松的条件下进行,升降过程结束后应将摇臂夹紧固定。

摇臂升降运动的动作过程为:

摇臂放松→摇臂升/降→摇臂夹紧(**注意,夹紧必须在摇臂停止时进行**)。

当工件与钻头相对位置不合适时,可将摇臂升高或者降低,要使摇臂上升,按下上升控制按钮 SB3(1-5),断电延时继电器 KT(6-0)线圈通电,同时 KT(1-17)动合触点使电磁铁 YA 线圈通电,接触器 KM4 线圈通电,电动机 M3 正转,高压油进入摇臂松开油腔,推动活塞和菱形块实现摇臂的松开。同时活塞杆通过弹簧片压下位置开关,使 SQ3 常闭(6-13)断开,接触器 KM4 线圈断电(摇臂放松过程结束),SQ3 常开(6-7)闭合,接触器 KM2 线圈得电,主触点闭合接通升降电动机 M2,带动摇臂上升。由于此时摇臂已松开,SQ4(101-102)被复位,HL1 灯亮,表示松开指示。松开按钮 SB3,KM2 线圈断电,摇臂上升运动停止,时间继电器 KT 线圈断电(电磁铁 YA 线圈仍通电),当延时结束,即升降电机完全停止时,KT 延时闭合动断触点(17-18)闭合,KM5 线圈得电,液压泵电动机 M3 反向序接通电源而反转,压力油并另一条油路进入摇臂夹紧油腔,反方向推动活塞和菱形块,使摇臂夹紧。摇臂做夹紧运动,时间继电器整定时间到后 KT 动合延时断开触点(1-17)断开,接触器 KM5 线圈和电磁铁 YA 线圈断电,电磁阀复位,液压泵电动机 M3 断电停止工作,摇臂上升运动结束。

摇臂下降的工程与上升工作原理是相似的,请读者自行分析。

为了使摇臂的上升或下降不致超出允许的极限位置，在摇臂上升和下降的控制电路中分别串入位置开关 SQ1 和 SQ2 作为限位保护。

（3）立柱的夹紧与放松。

Z3040 型摇臂钻床夹紧与放松机构液压原理图如图 3-1-3 所示。

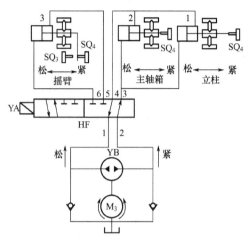

图 3-1-3　Z3040 摇臂钻床夹紧与放松机构液压原理图

图 3-1-3 中的液压泵采用双向定量泵。液压泵电动机在正反转时，驱动液压缸中活塞的左右移动，实现夹紧装置的夹紧与放松运动。电磁换向阀 HF 的电磁铁 YA 用于选择夹紧与放松的现象，电磁铁 YA 的线圈不通电时电磁换向阀工作在左工位，接触器 KM4、KM5 控制液压泵电动机的正反转，实现主轴箱和立柱（同时）的夹紧与放松；电磁铁 YA 的线圈通电时，电磁换向阀工作在右工位，接触器 KM4、KM5 控制液压泵电动机的正反转，实现摇臂的夹紧与放松。

根据液压回路原理，电磁换向阀的电磁铁 YA 的线圈不通电时，液压泵电动机 M3 的正、反转，使主轴箱和立柱同时放松或夹紧。具体操作过程如下。

按下按钮 SB5（1-14），接触器 KM4 线圈（15-16）通电，液压泵电动机 M3 正转（YA 不通电），主轴箱和立柱的夹紧装置放松，完全放松后位置开关 SQ4 不受压，指示灯 HL1 做主轴箱和立柱的放松指示，松开按钮 SB5，KM4 线圈断电，液压泵电动机 M3 停转，放松过程结束。HL1 放松指示状态下，可手动操作外立柱带动摇臂沿内立柱回转动作，以及主轴箱摇臂长度方向水平移动。

按下按钮 SB6（1-17），接触器 KM5 线圈（19-16）通电，主轴箱和立柱的夹紧装置夹紧，夹紧后压下位置开关 SQ4（101-103），指示灯 HL2 做夹紧指示，松开按钮 SB6，接触器 KM5 线圈断电，主轴箱和立柱的夹紧状态保持。在 HL2 的夹紧指示灯状态下，可以进行孔加工（此时不能手动移动）。

3．照明信号电路分析

照明电路电源由变压器 T 将 380V 的交流电压降为 36V 的安全电压来提供。照明灯 EL 由开关 SA2 控制，FU3 为照明电路提供短路保护。信号电路电源由变压器 T 将 380V 的交流电压降为 6.3V 的安全电压来提供。共有三个指示灯 HL1、HL2、HL3，分别为松开指示灯、夹紧指示灯和主轴工作指示灯，当对应的电动机动作时指示灯亮。

Z3040 型摇臂钻床的元件接线图如图 3-1-4 所示。

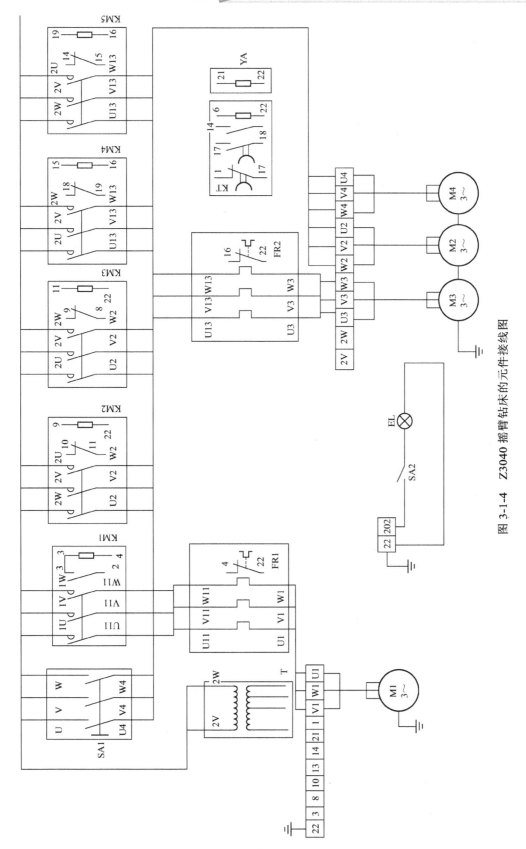

图 3-1-4 Z3040 摇臂钻床的元件接线图

任务准备

实施本任务所需准备的工具、仪表及设备如下。

（1）工具：扳手、螺钉旋具、尖嘴钳、剥线钳、电工刀、验电笔和铅笔及绘图工具等。

（2）仪表：万用表、兆欧表、钳形电流表。

（3）设备：Z3040 型摇臂钻床。

（4）Z3040 型摇臂钻床的电气元件明细表见表 3-1-1。

表 3-1-1　Z3040 型摇臂钻床的电气元件及耗材器材明细表

序号	名称	型号	规格	数量
1	三相异步电动机	Y100L2-4	3.0kW,380V,6.82A,1430r/min	1
2	摇臂升降电动机	Y90S-4	1.1kW,2.01A,1390r/min	1
3	液压泵电动机	JO31-2	0.6kW,1.42A,2880r/min	1
4	冷却泵电动机	JCB-22	0.125kW,0.43A,2790r/min	1
5	组合开关	HZ5-20	三极，500V，20A	1
6	交流接触器	CJ-10	10A，线圈电压 127V	1
7	交流接触器	CJ10-5	5A，线圈电压 127V	5
8	时间继电器	JSSI	AC127V，DC24V	1
9	热继电器	JR16-20/3	热元件额定电流 11A，整定电流 6.82A	1
10	热继电器	JR16-20/3	热元件额定电流 2.4A，整定电流 2.01A	1
11	熔断器	RL1-60	500V，熔体 20A	1
12	熔断器	RL1-15	500V，熔体 10A	1
13	熔断器	RL1-16	500V，熔体 2A	1
14	控制变压器	BK-100	100V·A，380V/127，36，6.3V	1
15	控制按钮	LA-18	5A，红色	2
16	控制按钮	LA-18	5A，绿色	2
17	控制按钮	LA-18	5A，黑色	2
18	位置开关	LX5-11		4
19	指示灯	ZSD-0	6.3V，绿色 1，红色 1，黄色 1	3
20	照明灯，控制开关	JC2	36V，40W	3

任务实施

一、分析绘制元器件布置图和接线图

通过观察 Z3040 型摇臂钻床的结构和控制元器件，绘制出元器件布置图。

二、根据元件布置图逐一核对所有低压电气元件

按照元件布置图在机床上逐一找到所有电气元件，并在图纸上逐一做出标志。操作要求如下。

（1）此项操作断电进行。

（2）在核对过程中，观察并记录该电气元件的型号及安装方法。

（3）观察每个电气元件的线路连接方法。

（4）使用万用表测量各元件触点操作前后的通断情况并做记录。

三、Z3040 型摇臂钻床电气控制线路的安装

根据图 3-1-2 所示的电路图和图 3-1-4 所示的接线图进行电气线路的安装。

四、操作并调试 Z3040 型摇臂钻床

在教师的指导下，按照下述操作方法，完成对 Z3040 型摇臂钻床的操作与调试。

1．开机前的准备工作

（1）检查机床各部件（外观）是否完好。
（2）检查各操作按钮、手柄是否在原位。
（3）按设备润滑图表进行注油润滑，检查油标油位。

2．开机操作调试方法步骤

（1）合上钻床电源总开关 QS1。
（2）观察并记录主轴电动机的工作情况。
（3）观察并记录摇臂升降电动机的工作情况。
（4）观察并记录立柱升降电动机的工作情况。
（5）观察并记录冷却泵电动机的工作情况。
（6）观察并记录各电气元件工作时电压与电流情况。
（7）关闭机床电源总开关 QS1。
（8）擦拭机床，清理机床周围杂物，打扫卫生，按设备润滑图表进行注油。

 检查评议

对任务的完成情况进行检查，并将结果填入任务测评表 3-1-2。

表 3-1-2　任务测评表

序号	主要内容	考核要求	评分标准	配分	扣分	得分
1	电气测绘	测绘出摇臂钻床电气安装接线图和电气原理图	（1）按照机床电气测绘的原则、方法和步骤进行电气测绘，并测绘出电气安装接线图和电气原理图，不按规定做扣 5～10 分 （2）测绘出的电气安装接线图和电气原理图正确，图形符号和文字符号标注规范，符号标注错误，每个扣 1 分；线路图不正确，每项扣 5 分；直到扣完本项分数	20		
2	安装前的检查	电气元件的检查	电气元件漏检或错检每处扣 2 分	5		
3	电气线路安装	根据电气安装接线图和电气原理图进行电气线路的安装	（1）电气元件安装合理、牢固，否则每个扣 2 分，损坏电气元件每个扣 10 分，电动机安装不符合要求每台扣 5 分 （2）板前配线合理、整齐美观，否则每处扣 2 分 （3）按图接线，功能齐全，否则扣 20 分 （4）控制配电板与机床电气部件的连接导线敷设符合要求，否则每根扣 3 分 （5）漏接接地线扣 10 分	35		

序号	主要内容	考核要求	评分标准	配分	扣分	得分
4	通电试车	按照正确的方法进行试车调试	（1）热继电器未整定或整定错误每只扣5分 （2）通电试车的方法和步骤正确，否则每项扣5分 （3）试车不成功扣30分	30		
5	安全文明生产	（1）严格执行车间安全操作规程 （2）保持实习场地整洁，秩序井然	（1）发生安全事故扣30分 （2）违反文明生产要求视情况扣5～10分	10		
工时	12h	其中控制配电板的板前配线5h，上机安装与调试7h；每超过5min扣5分	合　计			
开始时间			结束时间		成　绩	

任务2　Z3040型摇臂钻床主轴电动机、冷却泵电动机控制线路电气故障检修

 学习目标

知识目标：

1. 熟悉构成 Z3040 型摇臂钻床主轴电动机控制、照明指示控制线路的组成及控制过程。

2. 熟悉 Z3040 型摇臂钻床照明、指示电路的动作原理。

3. 熟悉 Z3040 型摇臂钻床主轴电动机线路的组成及工作原理。

4. 熟悉 Z3040 型摇臂钻床冷却泵电动机控制电路线路的组成及工作原理。

能力目标：

能完成 Z3040 型摇臂钻床主轴电动机、冷却泵电动机控制线路常见故障的检修。

素质目标：

养成独立思考和动手操作的习惯，培养小组协调能力和互相学习的精神。

 工作任务

Z3040 型摇臂钻床的主要控制是对主轴电动机、摇臂升降、立柱夹紧松开、冷却泵等的控制。因此，本次任务的内容是：按照常用机床电气设备的维修要求、检修方法和维修的步骤，完成对 Z3040 型摇臂钻床主轴电动机、照明指示电路及冷却泵电动机控制电路常见故障维修。

相关知识

一、Z3040 型摇臂钻床照明指示线路分析

Z3040 型摇臂钻床照明系统主要由照明变压器 T、熔断器 FU3、开关 SA2 和照明灯组成；指示电路中，松开夹紧指示灯有位置开关 SQ4 控制，主轴工作指示灯由 KM1 接触器的常开触点控制。其简化后的电路如图 3-2-1 所示。

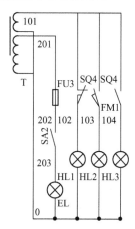

图 3-2-1　Z3040 型摇臂钻床照明指示电路

二、Z3040 型摇臂主轴电动机、冷却泵电动机控制电路分析

Z3040 型摇臂主轴电动机、冷却泵电动机控制电路如图 3-2-2 所示。

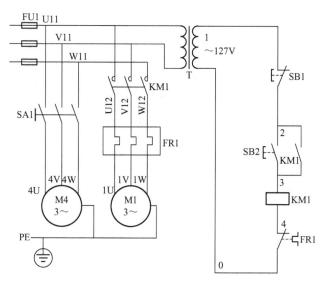

图 3-2-2　主轴电动机控制电路

1. 主轴电动机电路分析

主轴电动机 M1 的控制包括启动控制和停止控制，其工作原理如下（合上总电源开关 QS）。

【启动控制】

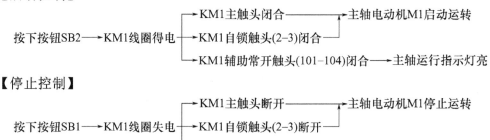

【停止控制】

2．冷却泵电动机控制

冷却泵的功率比较小，直接由 SA1 控制。扳动转换开关 SA1，即可接通和断开冷却泵 M4 电动机电源，对其直接控制。

实施本任务教学所使用的实训设备及工具材料见表 3-2-1。

表 3-2-1　实训设备及工具材料

序号	分类	名称	型号规格	数量	单位	备注
1	工具	电工常用工具		1	套	
2	仪表	万用表	MF47 型	1	块	
3		兆欧表	500V	1	只	
4		钳形电流表		1	只	
5	设备器材	Z3040 型摇臂钻床或模拟机床线路板		1	台	

一、熟悉 Z3040 型摇臂钻床主轴电动机、冷却泵电动机控制线路

在教师的指导下，根据前面任务测绘出的 Z3040 型摇臂钻床的电气接线图和电器位置图，在钻床上找出照明线路、主轴电动机、冷却泵电动机控制线路实际走线路径，并与图 3-2-1 和图 3-2-2 所示的电气线路图进行比较，为故障分析和检修做好准备。

二、Z3040 型钻床照明指示线路故障分析与检修

第一，由教师在 Z3040 型摇臂钻床（或模拟实训台）的照明电路上，人为设置自然故障点，并进行故障分析和故障检修操作示范，让学生仔细观察教师示范检修过程。第二，在教师的指导下，让学生分组自行完成故障点的检修实训任务。Z3040 型摇臂钻床照明电路常见故障现象和检修方法如下。

【故障现象】照明灯不亮。

【故障分析】

（1）变压器 36V 线圈断线。

检修方式及技巧：用万用表交流电压挡测变压器 T 次级 36V 交流电压，若无电压，应检查是否引出线松脱或烧断，引出线断线要重新把线头拉出，并接紧压好连接线。

（2）熔断器 FU3 熔丝熔断或接触不良。

检修方式及技巧：检查熔断器 FU3 是否熔断，熔断时要更换同规格的熔丝；检查低压照明线路有无短路现象，若电线短路，要重新分开，连接好后再通电工作。

（3）开关 SA2 闭合不好。

检修方式及技巧：用万用表电阻挡在断开钻床熔断器 FU3 后测量开关 SA2，看其能否可靠闭合、断开，若不能应更换开关 SA2。

（4）低压灯座线头脱落或有断线处。

检修方式及技巧：检查低压灯座连接线有无松脱烧断，电源连接线有无断线处，有时要重新接好。

（5）灯座与灯泡接触不好。

检修方式及技巧：把灯泡取下，用电笔尖把灯座舌头向外勾出些，使灯座与灯泡接触良好。

（6）36V 低压灯泡烧坏。

检修方式及技巧：灯泡断丝要更换，若一时看不出可用万用表电阻挡单独测低压灯泡电阻，若断路要更换灯泡。

其检修流程图如图 3-2-3 所示。

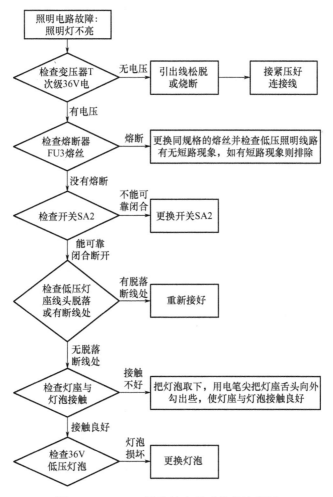

图 3-2-3　Z3040 摇臂钻床照明检修流程图

三、Z3040 型摇臂钻床主轴电动机、冷却泵电动机电路常见故障分析与检修

第一，由教师在 Z3040 型摇臂钻床（或模拟实训台）的主轴电动机、冷却泵电动机的主电路和控制电路上人为设置自然故障点 1～2 处。第二，在教师的指导下，让学生分组自行完成故障点的检修实训任务。Z3040 型摇臂钻床主轴电动机、冷却泵电动机的主电路和控制电路常见故障现象和检修方法如下。

1．Z3040 型摇臂钻床主轴电动机的故障检修

【故障现象】主轴电动机不转（不能启动），即按下 SB2 启动按钮，M1 电机不启动。

【故障分析】此故障要从控制电路和主电路两个方面分别检查。首先检查控制电路：若按下 SB2 按钮，接触器 KM1 无任何反应，则说明故障在控制电路。然后检查主轴停止按钮 SB1 常闭触点是否接通，若接通，再检查主轴启动按钮 SB2 是否能正常闭合，若正常，再确认接触器线圈是否完好，正常线圈电阻为几十到几百欧姆。若接触器线圈正常，最后检查 FR1 位于 9 区的常闭触点是否闭合。

若按下主轴启动 SB2 按钮，接触器 KM1 吸合，则要从主电路进行检查：首先检查 KM1 主触点是否卡阻或接触不良，若 KM1 主触头出线端电压正常，则检查 FR1 热继电器出线电压是否正常，若热继电器出线电压正常，则检查电动机 M1，接线是否脱落，绕组是否烧坏。其检修流程图如图 3-2-4 所示。

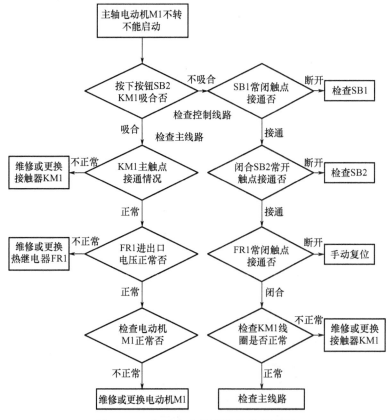

图 3-2-4　主轴电动机不转检修流程图

【故障现象】主轴电动机 M1 不能停车，即按下停止按钮 SB1 时，M1 不能停止。

【故障分析】造成这种故障的原因大多是接触器 KM1 主触头熔焊；停止按钮击穿或线路中 1、2 两点连接导线短路；接触器铁芯表面粘牢污垢。可采用下列方法判明是哪种原因造成电机 M1 不能停车：若断开 QS，接触器 KM1 释放，则说明故障为 SB1 击穿或导线短接；若接触器过一段时间释放，则故障为铁芯表面粘牢污垢；若断开 QS，若接触器 KM 不释放，则故障为主触头熔焊。

【故障现象】主轴电动机 M1 运行中突然停车。

【故障分析】造成这种故障的主要原因是由于热继电器 FR1 动作。发生这种故障后，一定要找出热继电器 FR1 动作的原因，排除后才能使其复位。引起热继电器 FR1 动作的原因可能是：负载过重以及 M1 的连接导线接触不良；三相电源不平衡；电源电压较长时间过低等。

2. Z3040 型摇臂钻床冷却泵电动机电路故障检修

M4 为冷却泵电动机，它的作用是不断向工件和刀具输送切削液，以降低它们在切削过程中产生的高温，它由转换开关 SA1 控制。

【故障现象】冷却泵电动机不转（不能启动），即闭合 SA1 开关，M4 电机不启动。

【故障分析】闭合开关 QS,测量 SA1 进线端任意两相电源电压，如果电压不正常，检查熔断器 FU1 到 SA1 开关连接点是否松动或者虚接；如果正常，闭合 SA1 开关，测量电动机进线端电压，如果不电压正常，检查 SA1 开关是否损坏以及到电动机之间的接线是否牢靠，如果电压正常，则为电动机故障，检修电机。

操作提示

（1）检修前要认真阅读 Z3040 型摇臂钻床电路图，弄清相关元件位置、作用，并认真观察教师的示范检修方法及思路。

（2）工具、仪表要正确使用、检修时要认真核对线号，以免出现误判断。

（3）排除故障时，必须修复故障点，但不得采用元器件代换法。

（4）尽量要求学生用电阻法排除故障，以确保安全。

（5）检修过程中不要损伤导线或使导线连接脱落。

（6）要验电、带电检修时，必须有指导老师在现场监护，确保用电安全。

检查评议

对任务的完成情况进行检查，并将结果填入任务测评表 3-2-2。

表 3-2-2 任务测评表

序号	考核内容	考核要求	评分标准	配分	扣分	得分
1	故障现象	正确观察摇臂钻床的故障现象	能正确观察摇臂钻床的故障现象，若故障现象判断错误，每个故障扣 10 分	10		
2	故障范围	用虚线在电气原理图中画出最小故障范围	能用虚线在电气原理图中画出最小故障范围，错判故障范围，每个故障扣 10 分；未缩小到最小故障范围，每个扣 5 分	20		

续表

序号	考核内容	考核要求	评分标准	配分	扣分	得分
3	检修方法	检修步骤正确	（1）仪表和工具使用正确，否则每次扣5分 （2）检修步骤正确，否则每处扣5分	30		
4	故障排除	故障排除完全	故障排除完全，否则每个扣10分；不能查出故障点，每个故障扣20分；若扩大故障，每个扣20分，若损坏电气元件，每只扣10分	30		
5	安全文明生产	（1）严格执行车间安全操作规程 （2）保持实习场地整洁，秩序井然	（1）发生安全事故扣30分 （2）违反文明生产要求视情况扣5～10分	10		
工时	30min		合 计			
开始时间			结束时间		成 绩	

任务 3　Z3040 型摇臂钻床摇臂升降和主轴箱夹紧松开控制线路常见故障维修

学习目标

知识目标：

1. 熟悉摇臂升降结构及工作原理。

2. 熟悉主轴箱夹紧松开的结构及工作原理。

3. 熟悉构成 Z3040 型摇臂钻床摇臂升降、主轴箱夹紧松开的组成及控制过程。

能力目标：

能对 Z3040 型摇臂钻床摇臂升降和主轴箱夹紧松开控制线路常见故障进行维修。

素质目标：

养成独立思考和动手操作的习惯，培养小组协调能力和互相学习的精神。

工作任务

摇臂钻床电气控制的重点和难点环节是摇臂的升降、立柱与主轴箱的夹紧和松开。Z3040 型摇臂钻床的工作过程是电气、机械以及液压系统紧密配合实现的。在维修中不仅要注意电气部分能否正常工作，还要关注它与机械、液压部分的协调关系。因此，本次任务的内容是：按照常用机床电气设备的维修要求、检修方法和维修的步骤，完成对 Z3040 型摇臂钻床摇臂的升降、立柱与主轴箱的夹紧和松开控制电路常见故障维修。

相关知识

一、Z3040 型钻床摇臂升降电路分析

Z3040 型摇臂钻床上升下降控制电路，当按下上升按钮 SB3 时，SB3 常闭按钮首先分断下降回路使 KM3 不能吸合，常开触点后接通，KM2 接触器吸合动作，摇臂上升。按下

模块 3 Z3040 型摇臂钻床电气控制线路安装与检修

下降按钮 SB4 时，SB4 常闭按钮分断上升回路使 KM4 不能动作，常开触点后接通，KM3 接触器得电吸合，摇臂下降。简化后的电路如图 3-3-1 所示。

二、Z3040 型摇臂钻床主轴箱夹紧松开电路分析

简化后的 Z3040 型摇臂钻床主轴箱夹紧松开控制电路如图 3-3-2 所示。

松开：按下 SB5→KM4 线圈通电→液压泵电动机 M3 正转，电磁铁 YA 线圈不通电，泵入的压力油进入主轴箱和立柱液压缸右腔→主轴箱和立柱同时松开→ 直至位置开关 SQ4 复位→HL1 做松开状态指示，此时松开按钮 SB5，放松过程结束。

夹紧：按下 SB6→KM5 线圈通电→液压泵电动机 M3 反转、YA 线圈不通电，泵入的压力油进入主轴箱和立柱液压缸左腔→主轴箱和立柱同时夹紧→直至压下位置开关 SQ4→HL2 做夹紧状态指示，此时，松开按钮 SB6，夹紧过程结束。

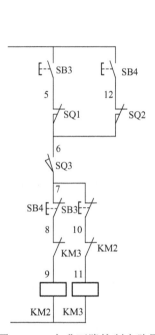

图 3-3-1 上升下降控制电路图

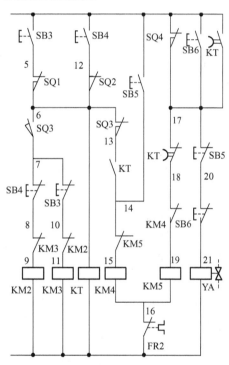

图 3-3-2 主轴箱夹紧松开控制电路

任务准备

实施本任务教学所使用的实训设备及工具材料见表 3-3-1。

表 3-3-1 实训设备及工具材料

序号	分类	名称	型号规格	数量	单位	备注
1	工具	电工常用工具		1	套	
2	仪表	万用表	MF47 型	1	块	
3		兆欧表	500V	1	只	
4		钳形电流表		1	只	
5	设备器材	Z3040 型摇臂钻床或模拟机床线路板		1	台	

 **任务实施**

一、熟悉 Z3040 型摇臂钻床摇臂升降和主轴箱夹紧松开控制线路

在教师的指导下，根据前面任务测绘出的 Z3040 型摇臂钻床的电气接线图和电器位置图，在 Z3040 型摇臂钻床上找出摇臂升降和主轴箱夹紧松开控制线路实际走线路径，并与图 3-3-1 所示和图 3-3-2 所示的电气线路图进行比较，为故障分析和检修做好准备。

二、Z3040 型摇臂钻床摇臂升降电路常见故障分析与检修

第一，由教师在 Z3040 型摇臂钻床（或模拟实训台）的摇臂升降电路上，人为设置自然故障点，并进行故障分析和故障检修操作示范，让学生仔细观察教师示范检修过程。第二，在教师的指导下，让学生分组自行完成故障点的检修实训任务。Z3040 型摇臂钻床摇臂升降电路常见故障现象和检修方法如下。

【故障现象】摇臂只能下降不能上升。

【故障分析】此故障分为控制电路故障和主电路故障，按下按钮 SB3 和 SB4 观察接触器 KM2 和 KM3 是否吸合，若接触器不能吸合，则故障发生在控制电路。

（1）控制电路故障。首先检查上升启动按钮 SB3 常开触点是否能正常闭合，再检查行程开关 SQ1 常闭触点是否接通，然后检查 SB4 常闭按钮常闭触点是否闭合，再确定连锁触点 KM3 常闭是否接通，最后检查 KM2 线圈是否完好。

（2）主电路故障。首先确认主轴电动机是否能正常运转，用以确认三相电源是否正常，再检查熔断器 FU2 是否熔断，然后检查接触器 KM2 三组主触头能否正常闭合，再检查接触器到电动机引线是否有脱落、虚接现象，最后确认电动机是否完好，三相定子绕组之间电阻是否相等，是否断路。

【故障现象】摇臂只能上升不能下降。

【故障分析】此故障分为控制电路故障和主电路故障。

（1）控制电路故障。首先检查上升启动按钮 SB4 常开触点是否能正常闭合，再检查行程开关 SQ2 常闭触点是否接通，然后检查 SB3 常闭按钮常闭触点是否闭合，再确定连锁触点 KM2 常闭是否接通，最后检查 KM3 线圈是否完好。

（2）主电路故障。首先确认主轴电动机是否能正常运转，用以确认三相电源是否正常，检查熔断器 FU2 是否熔断，再检查接触器 KM3 三组主触头能否正常闭合，然后检查接触器到电动机引线是否有脱落、虚接现象，最后确认电动机是否完好。

【故障现象】摇臂上升和下降全部无动作。

【故障分析】此故障分为控制电路故障和主电路故障。

（1）控制电路故障。造成这种状况主要的可能原因是 SQ3 常开触点没有闭合，首先确认控制电压是否正常，然后再确认 SQ3 能否正常闭合。

（2）主电路故障。首先确认主轴电动机是否能正常运转，用以确认三相电源是否正常，检查熔断器 FU2 是否熔断，然后检查接触器到电动机引线是否有脱落、虚接现象，最后确认电动机是否完好。

Z3040 钻床摇臂升降控制电路故障检修步骤如图 3-3-3 所示。

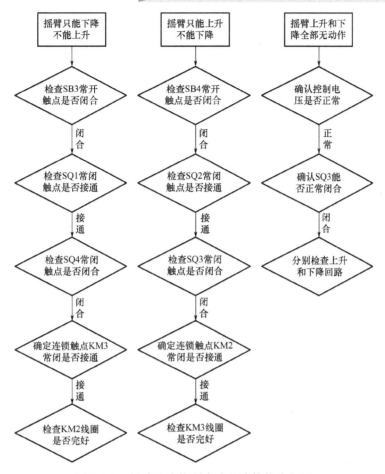

图 3-3-3 摇臂升降控制电路故障检修流程图

三、Z3040 型摇臂钻床主轴箱夹紧松开电路常见故障分析与检修

第一，由教师在 Z3040 型摇臂钻床（或模拟实训台）主轴箱夹紧松开上人为设置自然故障点 1～2 处。第二，在教师的指导下，让学生分组自行完成故障点的检修实训任务。Z3040 型摇臂钻床主轴箱夹紧松开电路常见故障现象和检修方法如下。

【故障现象】Z3040 型摇臂钻床主轴箱能夹紧不能松开。

【故障分析】首先观察按下启动按钮后接触器是否正常吸合，若不能吸合，则故障发生在控制电路。检查松开按钮 SB5 是否能正常闭合，然后检查连锁触点 KM5 是否闭合，最后确认 KM4 线圈是否完好。

如果接触器正常吸合，则故障发生在主电路。首先确认液压泵主电路三相电源电压是否正常，再检查接触器 KM5 三组主触头能否正常闭合，最后检查 KM5 三组主触头出线端到热继电器进线端是否正常。

【故障现象】Z3040 型摇臂钻床主轴箱能松开不能夹紧。

【故障分析】首先观察按下启动按钮后接触器是否正常吸合，若不能吸合，则故障发生在控制电路。确认夹紧按钮 SB6 能否正常闭合，再检查延时闭合触点 KT 是否闭合，然后检查连锁触头 KM4 是否闭合，最后检查 KM5 线圈是否完好。

如果接触器正常吸合，则故障发生在主电路。首先确认液压泵主电路三相电源电压是否正常，其次检查接触器 KM4 三组主触头能否正常闭合，最后检查 KM4 三组主触头出线端到热继电器进线端是否正常。

【故障现象】Z3040 型摇臂钻床主轴箱松开夹紧全部不能正常动作。

【故障分析】首先观察按下启动按钮后接触器是否正常吸合，若不能吸合，则故障发生在控制电路。出现这种故障的可能原因是热继电器 FR2 常闭触头动作或者异常断开，检查 FR2 触点，如是正常过载保护动作，则排除过载故障，如是异常断开则需要维修或更换热继电器。如果 FR2 触点正常，则按以上所述检查夹紧和松开回路。

如果接触器正常吸合，则故障发生在主电路。首先确认液压泵主电路三相电源电压是否正常，再检查电源到接触器 KM4 三组主触头、KM5 三组主触头的公共部分是否正常，然后检查热继电器双金属片是否断路，热继电器出线端到电动机引线是否有断路或虚接现象，最后检查液压泵电动机是否完好。

Z3040 型摇臂钻床主轴箱夹紧松开控制电路故障检修步骤如图 3-3-4 所示。

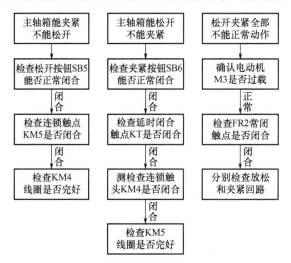

图 3-3-4　主轴箱夹紧松开控制电路故障检修流程图

操作提示

（1）检修前要认真阅读 Z3040 钻床电路图，弄清相关元件位置、作用，并认真观察教师的示范检修方法及思路。

（2）工具、仪表要正确使用、检修时要认真核对线号，以免出现误判断。

（3）排除故障时，必须修复故障点，但不得采用元器件代换法。

（4）尽量要求学生用电阻法排除故障，以确保安全。

（5）检修过程中不要损伤导线或使导线连接脱落。

检查评议

对任务的完成情况进行检查，并将结果填入任务测评表 3-3-2。

表 3-3-2　任务测评表

序号	考核内容	考核要求	评分标准	配分	扣分	得分
1	故障现象	正确观察摇臂钻床的故障现象	能正确观察摇臂钻床的故障现象,若故障现象判断错误,每个故障扣10分	10		
2	故障范围	用虚线在电气原理图中画出最小故障范围	能用虚线在电气原理图中画出最小故障范围,错判故障范围,每个故障扣10分;未缩小到最小故障范围,每个扣5分	20		
3	检修方法	检修步骤正确	(1)仪表和工具使用正确,否则每次扣5分 (2)检修步骤正确,否则每处扣5分	30		
4	故障排除	故障排除完全	故障排除完全,否则每个扣10分;不能查出故障点,每个故障扣20分;若扩大故障,每个扣20分,若损坏电气元件,每只扣10分	30		
5	安全文明生产	(1)严格执行车间安全操作规程 (2)保持实习场地整洁,秩序井然	(1)发生安全事故扣30分 (2)违反文明生产要求视情况扣5~10分	10		
工时	30min		合　计			
开始时间			结束时间	成　绩		

考证测试题

考工要求

行为领域	鉴定范围	鉴定点	重要程度
理论知识	较复杂机械设备的装调与维修知识	Z3040 型摇臂钻床电气系统的组成及工作特点	★★
		Z3040 型摇臂钻床电气控制电路的组成、原理和故障现象分析及排除方法	★★★
操作技能	测绘	Z3040 型摇臂钻床电气元件明细表的测绘	★★★
	设计、安装与调试	Z3040 型摇臂钻床试车操作调试	★★
	机床电气控制电路维修	Z3040 型摇臂钻床电气控制电路故障的检查、分析及排除	★★★

一、填空题（将正确的答案填在横线空白处）

1．Z3040 型摇臂钻床是一种立式钻床，主要有床身、_____、_____、主轴箱及工作台组成。

2．Z3040 型摇臂钻床主轴的转动与进给运动有一台三相交流异步电动机（3kW）驱动，主轴的转动方向由_____及_____装置控制。

3．Z3040 型摇臂钻床上的位置开关 SQ1 的作用是_____，位置开关 SQ2 的作用是_____，位置开关 SQ3 的作用是_____。

4．Z3040 型摇臂钻床摇臂的夹紧与放松由_____配合_____自动进行。

5．Z3040 型摇臂钻床热继电器 FR2 为_____电动机提供过载保护，主要防止_____故障，而使电动机长时间过载运行而损坏。

6. Z3040 型摇臂钻床电磁阀 YA 是_____电磁阀，电磁阀 YA 得电将液压油送入_____油腔，YA 不得电将液压油送入_____油腔。

7. 摇臂升降运动的动作过程为：_____→_____→_____。

二、选择题（将正确答案的序号填入括号内）

1. Z3040 型摇臂钻床电气原理图中的时间继电器 KT 开路，按下摇臂上升按钮，摇臂（　　）。

　　A．能正常上升　　　　B．不能上升　　　　C．能上升但摇臂与立柱未松开

2. Z3040 型摇臂钻床的立柱与主轴箱松开后，主轴箱在摇臂上的移动靠（　　）。

　　A．转动手轮　　　　B．电动机驱动　　　　C．液压驱动

三、简答题

1. 当按下摇臂下降按钮 SB5，写出摇臂下降的控制流程。

2. Z3040 型摇臂钻床大修后，若摇臂升降电动机 M2 的三相电源相序接反会发生什么事故？试车时应如何检测？

3. Z3040 型摇臂钻床大修后，若 SQ3 安装位置不当，会出现什么故障？

四、技能题

题目一：对照 Z3040 型摇臂钻床实物进行电气元件明细表的测绘，同时写出试车的基本操作步骤，并进行试车操作调试。

1. 操作要求。

（1）根据对实物的测绘，将 Z3040 型摇臂钻床的元器件的名称、型号规格、作用及数量填在自己设计的电气元件明细表中。

（2）在试卷上写出 Z3040 型摇臂钻床基本试车操作调试步骤。

（3）Z3040 型摇臂钻床的试车操作调试。

2. 操作时限：120min。

3. 配分及评分标准。

评分标准

序号	考核内容	考核要求	评分标准	配分	扣分	得分
1	测绘	对 Z3040 型摇臂钻床的电器名称位置、型号规格及作用进行测绘	（1）对电器位置、型号规格及作用表达不清楚，每只扣 5 分 （2）每漏测绘一个电器扣 5 分 （3）测绘过程中损坏元器件每只扣 10 分	30		
2	调试步骤编写	试车操作调试步骤的编写	（1）每错、漏编写一个操作步骤扣 5 分 （2）不会写本项不得分	20		
3	试车	按照 Z3040 型摇臂钻床正确的试车操作调试步骤进行操作试车	（1）试车操作步骤每错一次扣 5 分 （2）不会操作试车本项不得分	40		
4	安全文明生产	（1）遵守安全操作规程，正确使用工具，操作现场整洁 （2）安全用电，注意防火，无人身、设备事故	（1）不符合要求，每项扣 2 分，扣完为止 （2）因违规操作，发生触电、火灾、人身或设备事故，本题按 0 分处理	10		
工时	120min		合　计			
开始时间			结束时间		成　绩	

题目二：在 Z3040 型摇臂钻床实物（或模拟电气控制线路板）的电气控制线路上人为设置隐蔽的故障 3 处，在规定的时间内，按照考核要求排除故障。

1．考核要求。

（1）根据故障现象，在 Z3040 型摇臂钻床电气控制线路图上，用虚线画出故障最小范围。

（2）检修方法及步骤正确合理，当故障排除后，请用"＊"在电气控制线路图中标出故障所在的位置。

（3）安全文明生产。

2．操作时限：30min。

3．配分及评标准

评分标准

序号	考核内容	考核要求	评分标准	配分	扣分	得分
1	故障现象	正确观察钻床的故障现象	能正确观察钻床的故障现象,若故障现象判断错误,每个故障扣10分	10		
2	故障范围	用虚线在电气原理图中画出最小故障范围	能用虚线在电气原理图中画出最小故障范围,错判故障范围,每个故障扣10分；未缩小到最小故障范围,每个扣5分	20		
3	检修方法	检修步骤正确	（1）仪表和工具使用正确,否则每次扣5分 （2）检修步骤正确,否则每处扣5分	30		
4	故障排除	故障排除完全	故障排除完全,否则每个扣10分；不能查出故障点,每个故障扣20分；若扩大故障,每个扣20分,若损坏电气元件,每只扣10分	30		
5	安全文明生产	（1）严格执行安全操作规程 （2）保持考场整洁,秩序井然	（1）发生安全事故取消考试资格 （2）违反文明生产要求视情况扣5～10分	10		
工时	30min		合　计			
开始时间			结束时间		成　绩	

模块 4 X62W 万能铣床电气控制线路安装与检修

任务 1 认识 X62W 型万能铣床

学习目标

知识目标：

1. 熟悉 X62W 型万能铣床的结构、作用和运动形式。
2. 熟悉 X62W 型万能铣床电气线路的组成及工作原理。
3. 掌握 X62W 型万能铣床的操纵手柄、按钮和开关的功能。
4. 掌握 X62W 型万能铣床元器件的位置、线路的大致走向。

能力目标：

能对 X62W 型万能铣床进行基本操作及调试。

素质目标：

养成独立思考和动手操作的习惯，培养小组协调能力和互相学习的精神。

工作任务

铣床的种类繁多，按照结构形式和加工性能的不同，可分为卧式铣床、立式铣床、仿形铣床、龙门铣床、专用铣床和万能铣床等。X62W 型万能铣床是一种多用途卧式铣床，如图 4-1-1 所示。它可以用圆柱铣刀、圆片铣刀、角度铣刀、成型铣刀及端面铣刀等刀具对各种零件进行平面、斜面、沟槽及成型表面的加工，装上分度盘可以铣削齿轮和螺旋面，装上圆工作台可以铣削凸轮和弧形槽等。铣床的控制是机械与电气一体化的控制，本次工作任务是：通过观摩操作，认识 X62W 型万能铣床。具体任务要求如下。

（1）识别铣床主要部件，清楚元器件位置及线路布线走向。

（2）观察主轴停车制动、变速冲动的动作过程，观察两地停止操作、工作台快速移动控制。

（3）细心观察体会工作台与主轴之间的连锁关系，纵向操纵、横向操纵与垂直操纵之间的连锁关系，变速冲动与工作台自动进给的连锁关系，圆工作台与工作台自动进给连锁的关系。

（4）在教师指导下操作 X62W 型万能铣床。

图 4-1-1　X62W 型万能铣床外形图

相关知识

一、X62W 型万能铣床的型号含义

X62W 型万能铣床的型号含义为:

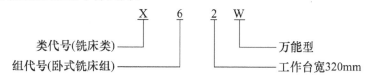

二、X62W 型万能铣床的主要结构及运动形式

X62W 型万能铣床的主要结构如图 4-1-2 所示。它主要由床身、主轴、刀杆、悬梁、刀杆挂脚、工作台、圆工作台、横溜板、升降台和底座等部分组成。

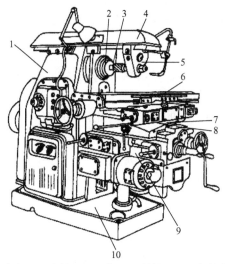

1—床身；2—主轴；3—刀杆；4—悬梁；5—刀杆挂脚；
6—工作台；7—圆工作台；8—横溜板；9—升降台；10—底座

图 4-1-2　X62W 型万能铣床外形结构图

在铣床床身的前面有垂直导轨，升降台可沿着垂直导轨上下移动；在升降台上面的水平导轨上，装有可在平行主轴轴线方向移动（前后移动）的溜板；溜板上部有可转动的回转盘，工作台上有 T 形槽来固定工件。因此，安装在工作台上的工件可以在 3 个坐标上的 6 个方向（上下、左右、前后）调整位置或进给。

铣床的铣削是一种高效率的加工方式。铣床主轴带动铣刀的旋转运动是主运动；铣床工作台的横向（前后）、纵向（左右）和垂直（上下）6 个方向的运动是进给运动；铣床其他的运动，如工作台旋转运动属于辅助运动。X62W 型万能铣床元器件位置如图 4-1-3 所示。

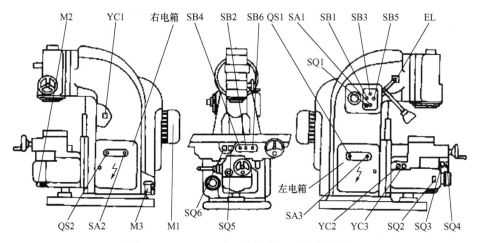

图 4-1-3　X62W 型万能铣床元器件位置图

三、X62W 型万能铣床电气控制的特点

X62W 型万能铣床由 3 台电动机驱动，M1 为主轴电动机，担负主轴的旋转运动，即主运动；M2 为进给电动机，机床的进给运动和辅助运动由 M2 驱动；M3 为冷却泵电动机，将切削液输送到机床的切削部位。各运动的电气控制特点如下。

1．主运动

X62W 万能铣床的主运动是主轴带动铣刀的旋转运动。铣削加工有顺铣和逆铣两种方式，所以要求主轴电动机能实现正反转，但考虑到一批工件一般只用一个方向铣削，在加工过程中不需要经常变换主轴旋转的方向，因此，X62W 型万能铣床是用组合开关 SA3 来改变主轴电动机的电源相序以实现正反转目的。

另外，铣削加工是一种不连续的切削加工方式，为减小振动，主轴上装有惯性轮，但这样就会造成主轴停车困难，为此，X62W 型万能铣床主轴电动机采用电磁离合器制动以实现准确停车。

2．进给运动

X62W 型万能铣床的进给运动是指工件随工作台在前后（横向）、左右（纵向）和上下（垂直）6 个方向上的运动以及圆形工作台的旋转运动。

X62W 型万能铣床工作台 6 个方向的进给运动和快速移动，由进给电动机 M2 采用正反转控制，6 个方向的进给运动中同时只能有一种运动产生，采用机械手柄和位置开关配合的方式实现 6 个方向进给运动的连锁；进给快速移动是通过电磁离合器和机械挂挡来完成的；为扩大加工能力，在工作台上可加装圆形工作台，圆形工作台的回转运动是由进给电动机经传动机构驱动的。

为防止刀具和机床的损坏，要求只有主轴启动后才允许有进给运动；同时为了减小加工件的表面粗糙度，要求进给停止后主轴才能停止或同时停止。

3．辅助运动

X62W 型万能铣床的辅助运动是指工作台的快速运动及主轴和进给的变速冲动。

X62W 型万能铣床的主轴调速和进给运动调速是采用变速盘进行速度选择的，为了保证齿轮良好啮合，调整变速盘时采用变速冲动控制。

另外，为了更换铣刀方便、安全，设置换刀专用开关 SA1。换刀时，一方面将主轴制动，另一方面将控制电路切断，避免出现人身事故。

四、X62W 型万能铣床的控制原理

X62W 型万能铣床主要由电源电路、主电路、控制电路和照明电路四部分组成，其电气控制线路图如图 4-1-4 所示。

1．主轴电动机 M1 的控制

为了方便操作，主轴电动机的启动、停止以及进给电动机的控制均采用两地控制方式，一组安装在工作台上，另一组安装在床身上。

（1）主轴电动机 M1 的启动。

主轴电动机启动前根据顺铣、逆铣的要求，将转换开关 SA3 扳到所需的转向位置。然后按下启动按钮 SB1 或 SB2，接触器 KM1 通电吸合并自锁，主轴电动机 M1 启动。KM1 的辅助常开触点（9-10）闭合，接通控制电路的进给线路电源，保证了只有先启动主轴电动机，才可开动进给电动机，避免工件或刀具的损坏。

（2）主轴电动机的制动。

为了使主轴停车准确，主轴采取电磁离合器制动。该电磁离合器安装在主轴传动链中与电动机轴相连的第一根传动轴上，当按下停止按钮 SB5 或 SB6 时，接触器 KM1 断电释放，电动机 M1 失电。按钮按到底时，停止按钮的常开触点 SB5-2 或 SB6-2 接通电磁离合器 YC1，离合器吸合，将摩擦片压紧，对主轴电动机进行制动。直到主轴停止转动，才可松开停止按钮。主轴制动时间不超过 0.5s。

（3）主轴变速冲动。

主轴变速是通过改变齿轮的传动比进行的，由一个变速手柄和一个变速盘来实现，有 18 级不同转速（30～1500r/min）。为使变速时齿轮组能很好地重新啮合，设置变速冲动装置。变速时，先将变速手柄压下，然后向外拉动手柄，使齿轮组脱离啮合；再转动蘑菇形变速手轮，调到所需转速上，将变速手柄复位。在手柄复位过程中，压动位置开关 SQ1，SQ1 的常闭触点（8-9）先断开，常开触点（5-6）后闭合，接触器 KM1 线圈瞬时通电，主轴电动机做瞬时点动，使齿轮系统抖动一下，达到良好啮合。当手柄复位后，SQ1 复位，断开了主轴瞬时点动线路，完成变速冲动工作。变速冲动控制示意图如图 4-1-5 所示。

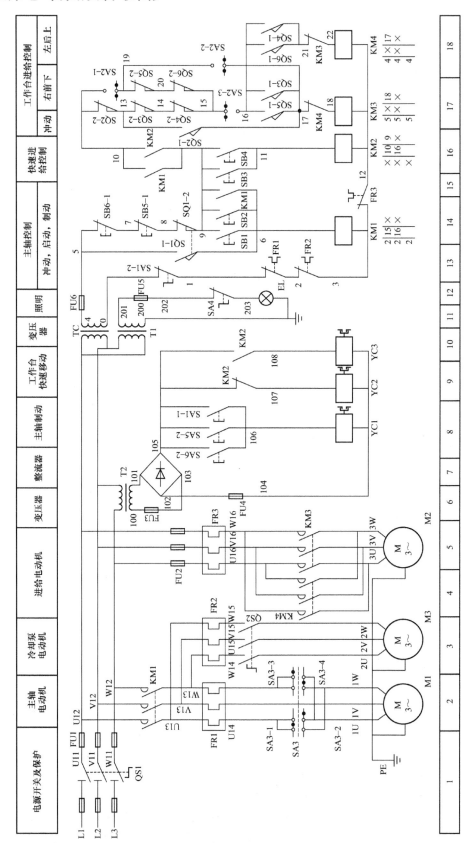

图 4-1-4　X62W 型万能铣床电气原理图

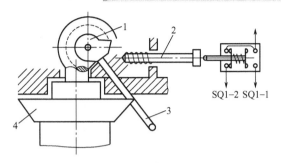

1—凸轮；2—弹簧杆；3—变速手柄；4—变速盘

图 4-1-5　变速冲动控制示意图

（4）主轴换刀控制。

在主轴更换铣刀时，为避免人身事故，将主轴置于制动状态。既将主轴换刀制动转换开关 SA1 转到"接通"位置，其常开触点 SA1-1 接通电磁离合器 YC1，将电动机轴抱住，主轴处于制动状态；其常闭触点 SA1-2 断开，切断控制回路电源，保证了上刀或换刀时，机床没有任何动作。当上刀、换刀结束后，将 SA1 扳回"断开"位置。

2．进给电动机 M2 的控制

工作台的进给运动分为工作进给和快速进给。工作进给只有在主轴启动后才可进行，快速进给是点动控制，即使不启动主轴也可进行。工作台的 6 个方向的运动都是通过操纵手柄和机械联动机构带动相应的位置开关，控制进给电动机 M2 正转或反转来实现的。在正常进给运动控制时，圆工作台控制转换开关 SA2 应转至断开位置。SQ5、SQ6 控制工作台的向右和向左运动，SQ3、SQ4 控制工作台的向前、向下和向后、向上运动。

进给驱动系统用了两个电磁离合器 YC2 和 YC3，都安装在进给传动链中的第四根轴上。当左边的离合器 YC2 吸合时，连接上工作台的进给传动链；当右边的离合器 YC3 吸合时，连接上快速移动传动链。

（1）工作台的纵向（左、右）进给运动。

启动主轴，当纵向进给手柄扳向右边时，联动机构将电动机的传动链拨向工作台下面的丝杠，使电动机的动力通过该丝杠作用于工作台，同时压下位置开关 SQ5，接触器 KM3 线圈通过（10→SQ2-2→13→SQ3-2→14→SQ4-2→15→SA2-3→16→SQ5-1→17→KM4 常闭触点→18→KM3 线圈）路径得电吸合，进给电动机 M2 正转，带动工作台向右运动。

当纵向进给手柄扳向左时，SQ6 被压下，接触器 KM4 线圈得电，进给电动机 M2 反转，工作台向左运动。

进给到位将手柄扳至中间位置，SQ5 或 SQ6 复位，KM3 或 KM4 线圈断电，电动机的传动链与左右丝杠脱离，M2 停转。若在工作台左右极限位置装设限位挡铁，当挡铁碰撞到手柄连杆时，把手柄推至中间位置，电动机 M2 停转实现终端保护。

（2）工作台的垂直（上、下）与横向（前、后）进给运动。

工作台的垂直与横向运动由一个十字进给手柄操纵，该手柄有 5 个位置，即上、下、前、后、中间。当手柄向上或向下时，传动机构将电动机传动链和升降台上下移动丝杠相连；向前或向后时，传动机构将电动机传动链与溜板下面的丝杠相连；手柄在中间位时，

传动链脱开，电动机停转。手柄扳至前、下位置，压下位置开关 SQ3；手柄扳至后、上位置，压下位置开关 SQ4。

将十字手柄扳到向上（或向后)位，SQ4 被压下，接触器 KM4 得电吸合，进给电动机 M2 反转，带动工作台做向上（或向后）运动。KM4 线圈得电路径为：10→SA2-1→19→SQ5-2→20→SQ6-2→15→SA2-3→16→SQ4-1→21→KM3 常闭触点→22→KM4 线圈。

同理，将十字手柄扳到向下（或向前）位，SQ3 被压下，接触器 KM3 得电吸合，进给电动机 M2 正转，带动工作台做向下（或向前）运动。

（3）进给变速冲动。

进给变速只有各进给手柄均在零位时才可进行。在改变工作台进给速度时，为使齿轮易于啮合，需要进给电动机瞬时点动一下。其操作顺序是：先将进给变速的蘑菇形手柄拉出，转动变速盘，选择好速度，然后将手柄继续向外拉到极限位置，随即推回原位，变速结束。就在手柄拉到极限位置的瞬间，位置开关 SQ2 被压动，SQ2-2 先断开，SQ2-1 后接通，接触器 KM3 经（10→SA2-1→19→SQ5-2→20→SQ6-2→15→SQ4-2→14→SQ3-2→13→SQ2-1→17→KM4 常闭触点→18→KM3 线圈）路径得电，进给电动机瞬时正转。在手柄推回原位时 SQ2 复位，故进给电动机只瞬动一下。

（4）工作台快速移动。

为提高劳动生产效率，减少生产辅助工时，在不进行铣削加工时，可使工作台快速移动。当工作台工作进给时，再按下快速移动按钮 SB3 或 SB4（两地控制），接触器 KM2 得电吸合，其常闭触点（9 区）断开电磁离合器 YC2，将齿轮传动链与进给丝杠分离；KM2 常开触点（10 区）接通电磁离合器 YC3，将电动机 M2 与进给丝杠直接搭合。YC2 的失电以及 YC3 的得电，使进给传动系统跳过了齿轮变速链，电动机直接驱动丝杠套，工作台按进给手柄的方向快速进给。松开 SB3 或 SB4，KM2 断电释放，快速进给过程结束，恢复原来的进给传动状态。

由于在接触器 KM1 的常开触点（16 区）上并联了 KM2 的一个常开触点，故在主轴电动机不启动的情况下，也可实现快速进给调整工件。

（5）圆工作台的控制。

当需要加工螺旋槽、弧形槽和弧形面时，可在工作台上加装圆工作台。使用圆工作台时，先将圆工作台转换开关 SA2 扳到"接通"位置，再将工作台的进给操纵手柄全部扳到中间位，按下主轴启动按钮 SB1 或 SB2,接触器 KM1 得电吸合，主轴电动机 M1 启动，接触器 KM3 线圈经（10→SQ2-2→13→SQ3-2→14→SQ4-2→15→SQ6-2→20→SQ5-2→19→SA2-2→17→KM4 常闭触点→18→KM3 线圈）路径得电吸合，进给电动机 M2 正转，带动圆工作台做旋转运动。圆工作台只能沿一个方向做回转运动。

 操作提示

进给变速和圆工作台工作时，两个进给操作手柄必须处于中间位置，启动电路途经 SQ3~SQ6 四个位置开关的常闭触点，扳动工作台任意一个进给手柄，都会使 M2 停止工作，实现了机械与电气配合的连锁控制。

3．冷却泵及照明电路控制

主轴电动机启动后，扳动组合开类 QS2 可控制冷却泵电动机 M3。

铣床照明由变压器 T1 提供 24V 电压，由开关 SA4 控制，熔断器 FU5 作为照明电路的短路保护。

任务准备

实施本任务所需准备的工具、仪表及设备如下。

（1）工具：扳手、螺钉旋具、尖嘴钳、剥线钳、电工刀、验电器等。

（2）仪表：万用表、兆欧表、钳形电流表等。

（3）设备：X62W 型万能铣床。

（4）X62W 型万能铣床的电气元件明细表见表 4-1-1。

表 4-1-1　X62W 型万能铣床元器件明细表

代号	元件名称	型号	规格	数量
M1	主轴电动机	Y132M-4-B3	7.5kW，1450r/min	1
M2	进给电动机	Y90L-4	1.5kW，1440r/min	1
M3	冷却泵电动机	JCB-22	125W，2790r/min	1
KM1	交流接触器	CJ20-20	20A，线圈电压110V	1
KM1～KM4	交流接触器	CJ20-10	10A，线圈电压110V	3
FU1	熔断器	RL1-60A	60A，熔体50A	3
FU2	熔断器	RL1-15A	15A，熔体10A	3
FU3、FU6	熔断器	RL1-15A	15A，熔体4A	2
FU4、FU5	熔断器	RL1-15A	15A，熔体2A	2
FR1	热继电器	JR16-20-3D	整定电流16A	1
FR2	热继电器	JR16-20-3D	整定电流0.43A	1
FR3	热继电器	JR16-20-3D	整定电流3.4A	1
QS1	电源总开关	HZ10-60/3J	60A，380V	1
QS2	冷却泵开关	HZ10-10/3J	10A，380V	1
SA1	换刀制动开关	HZ10-10/3J	10A，380V	1
SA2	圆工作台开关	HZ10-10/3J	10A，380V	1
SA3	主轴换向开关	HZ10-60/3J	60A，500V	1
TC	控制变压器	BK-150	150V·A，380/110V	1
T1	照明变压器	BK-50	50V·A，380/24V	1
T2	整流变压器	BK-100	100V·A，380/36V	1
VC	整流器	2CZ×4	5A，50V	1
SB1～SB6	按钮	LA2		6
SQ1～SQ2	冲动位置开关	LX3-11K	开启式	2
SQ5～SQ6	位置开关	LX3-11K	开启式	2
SQ3～SQ4	位置开关	LX3-131	单轮自动复位	2
YC1～YC3	电磁离合器	B1DL-Ⅱ		3
EL	工作灯	JC-25	40W，24V	1

任务实施

一、认识 X62W 型万能铣床的主要结构和操作部件

通过观摩 X62W 型万能铣床实物与如图 4-1-6 所示的正面操纵部件位置图和图 4-1-7 所示的左侧面操作部件位置图进行对照，认识 X62W 型万能铣床的主要结构和操作部件。

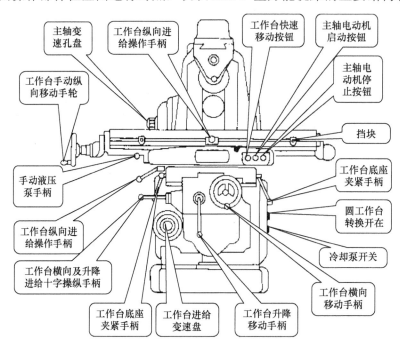

图 4-1-6　X62W 型万能铣床正面操纵部件位置图

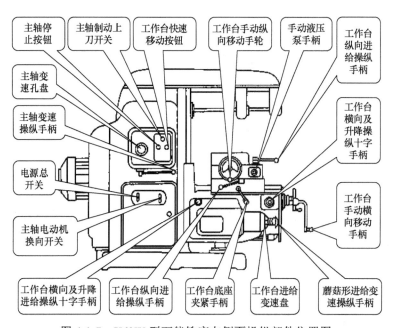

图 4-1-7　X62W 型万能铣床左侧面操纵部件位置图

二、熟悉 X62W 型万能铣床的电气设备名称、型号规格、代号及位置

首先切断设备总电源，然后在教师指导下，根据电气元件明细表和位置图熟悉 X62W 型万能铣床的电气设备名称、型号规格、代号及位置。

1. 左门上的电器识别

左门上的电器明细表见表 4-1-2。

表 4-1-2   左门上的电器明细表

序号	元器件名称	型号	规格	代号	数量
1	电源总开关	HZ10-60/3J	60A 380V	QS1	1
2	主轴换向开关	HZ10-60/3J	60A 380V	SA3	1
3	熔断器	RL1-60 60A	熔体50A	FU1	3
4	熔断器	RL1-15 15A	熔体10A	FU2	3
5	接线端子排	10 节		XT1	1

X62W 型万能铣床左门电器位置图如图 4-1-8 所示。

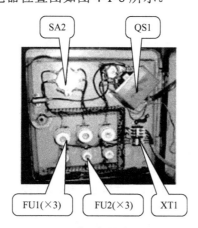

图 4-1-8   X62W 型万能铣床左门电器位置图

2. 左壁龛内的电器识别

左壁龛内的电器明细表见表 4-1-3。

表 4-1-3   左壁龛内的电器明细表

序号	元器件名称	型号	规格	代号	数量
1	交流接触器	CJ10-20	20A 线圈电压 110V	KM1	1
2	交流接触器	CJ10-10	10A 线圈电压 110V	KM2 KM3 KM4	3
3	热继电器	RJ16-20/3D	整定电流 16A	FR1	1
4	热继电器	RJ16-20/3D	整定电流 0.43A	FR2	1
5	热继电器	RJ16-20/3D	整定电流 3.4A	FR3	1
6	接线端子排	20 节		XT2	1

左壁龛和右壁龛内电器位置图如图 4-1-9 和 4-1-10 所示。

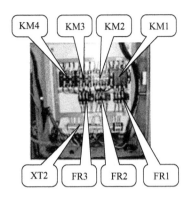

图 4-1-9　左壁龛内电器位置图

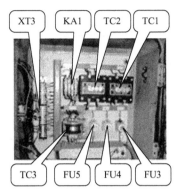

图 4-1-10　右壁龛内电器位置图

3. 右壁龛内的电器识别

右壁龛内的电器明细表见表 4-1-4。

表 4-1-4　右壁龛内的电器明细表

序号	元器件名称	型号	规格	代号	数量
1	控制变压器	BK-150	150V·A 380/110V	TC	1
2	照明变压器	BK-50	50V·A 380/24V	T1	1
3	整流变压器	BK-100	100V·A 380/36V	T2	1
4	熔断器	RL1-15	15A　熔体 4A	FU3 FU6	2
5	熔断器	RL1-15	15A　熔体 2A	FU4 FU5	2
6	接线端子排		20 节	XT3	1

4. 右门上的电器识别

右门上的电器明细表见表 4-1-5。

表 4-1-5　右门上的电器明细表

序号	元器件名称	型号	规格	代号	数量
1	圆工作台开关	HZ10-10/3J	10A　380V	SA2	1
2	冷却泵开关	HZ10-10/3J	10A　380V	QS2	1
3	整流变压器	BK-100	100V·A 380/36V	T2	1
4	整流器	2CZ×4	5A　50V	VC	1
5	接线端子排		15 节	XT4	1

5. 铣床左侧面按钮板上的电器识别

左侧面按钮板上的电器明细表见表 4-1-6。

表 4-1-6　左侧面按钮板上的电器明细表

序号	元器件名称	型号规格	代号	数量
1	主轴启动按钮	LA2	SB2	1
2	主轴停止按钮	LA2	SB6	1
3	工作台快速进给按钮	LA2	SB4	1
4	主轴冲动位置开关	LX3-11K　开启式	SQ1	1

铣床左侧面按钮板上电器位置图如图 4-1-12 所示。

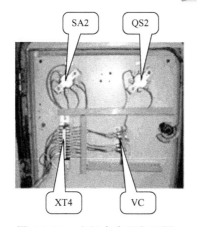

图 4-1-11 右门上电器位置图

图 4-1-12 铣床左侧面按钮板上电器位置图

6. 纵向工作台床鞍上的电器识别

纵向工作台床鞍上的电器见表 4-1-7。

表 4-1-7 纵向工作台床鞍上的电器

序号	元器件名称	型号规格	代号	数量
1	主轴启动按钮	LA2	SB1	1
2	主轴停止按钮	LA2	SB5	1
3	工作台快速进给按钮	LA2	SB3	1
4	工作台纵向（左、右）运动位置开关	LX3-11K 开启式	SQ5 SQ6	2

铣床纵向工作台床鞍上电器位置图如图 4-1-13 所示。

7. 升降台上部分电器识别

工作台的垂直与横向运动由一个十字进给手柄操纵，该手柄有 5 个位置，即上、下、前、后、中间。当手柄向上或向下时，传动机构将电动机传动链和升降台上下移动丝杆相连；向前或向后时，传动机构将电动机传动链与溜板下面的丝杆相连；手柄在中间位置时，传动链脱开，电动机停转。手柄扳至前、下位置，压下位置开关 SQ3；手柄扳至后、上位置，压下位置开关 SQ4。

升降台上部分电器明细表见表 4-1-8。

表 4-1-8 升降台上部分电器明细表

序号	元器件名称	型号规格	代号	数量
1	工作台冲动位置开关	LX3-11K 开启式	SQ2	1
2	工作台的垂直（上、下）与横向（前、后）进给位置开关	LX3-131 单轮自动复位	SQ3（下、前）SQ4（上、后）	2

铣床纵向升降台上部分电器位置图如图 4-1-14 所示。

8. 其他电气的识别

其他电气的明细表见表 4-1-9，请读者自行对照实物确定它们在铣床上的位置。

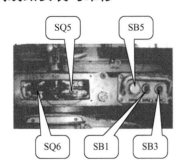

图 4-1-13　铣床纵向工作台床鞍上电器位置图

图 4-1-14　铣床纵向升降台上部分电器位置图

表 4-1-9　其他电气明细表

序号	元器件名称	型号规格	代号	数量
1	工作台常速、快速进给电磁离合器	BIDL-Ⅱ	YC1 YC2	2
2	主轴制动电磁离合器	BIDL-Ⅱ	YC3	1
3	工作照明灯	JC-25，40W　24V	EL	1
4	主轴电动机	Y132M-4-B3，7.5kW 1440r/min	M1	1
5	进给电动机	Y90L-4，7.5kW　1440r/min	M2	1
6	冷却泵电动机	JCB-22，125W　2790r/min	M3	1

三、X62W 型万能铣床试车的基本操作方法和步骤

观察教师示范对 X62W 型万能铣床试车的基本操作方法和步骤。具体操作方法和步骤如下。

1. 开机前的准备工作

（1）将主轴变速操纵手柄向右推进原位。

（2）将工作台纵向进给操纵手柄置"中间"位置。

（3）将工作台横向及升降进给十字操纵手柄置"中间"位置。

（4）将冷却泵转换开关 SQ2 置"断开"位置。

（5）将圆工作台转换开关 SA2 置"断开"位置。

（6）将换刀开关 SA1 置"换刀"位置。

2. 试机操作调试方法步骤

（1）合上铣床电源总开关 SQ1。

（2）将开关 SA4 置于"开"位置状态，机床工作照明灯 EL 灯亮，此时说明机床已处于带电状态，同时告诫操作者该机床电气部分不能随意用手触摸，以防止人身触电事故。

（3）将主轴换向开关 SA3 扳至所需要的旋转方向上（如果主轴需顺时针方向旋转时，将主轴换向开关置"顺"；反之置"倒"；中间为"停"）。

（4）装上或更换铣刀后，将换刀开关 SA1 置"放松"位置。

（5）调整主轴转速。将主轴变速操纵手柄向左拉开，使齿轮脱离；手动旋转变速盘使箭头对准变速盘上所需要的转速刻度，再将主轴变速操纵手柄向右推回原位，同时压动行程开关 SQ1，使主轴电动机出现短时转动，从而使改变传动比的齿轮重新啮合。

（6）主轴启动操作。按下主轴电动机启动按钮 SB1（或 SB2），主轴电动机 M1 启动，主轴按预定方向、预选速度带动铣刀转动。

（7）调整进给转速。将蘑菇形进给变速操纵手柄拉出，使齿轮间脱离，转动工作台进给变速盘至所需要的进给速度挡，然后再将蘑菇形进给变速操纵手柄迅速推回原位。蘑菇形进给变速操纵手柄在复位过程中压动瞬时点动位置开关 SQ2，此时进给电动机 M2 做短时转动，从而使齿轮系统产生一次抖动，使齿轮顺利啮合。在进给变速时，工作台纵向进给移动手柄和工作台横向及升降操纵十字手柄均应置中间位置。

（8）工件与主轴对刀操作。预先固定在工作台上的工件，根据需要将工作台纵向进给操纵手柄或横向及升降操纵十字手柄置某一方向，则工作台将按选定方向正常移动；若按下快速移动按钮 SB3 或 SB4，使工作台在所选方向做快速移动，检查工件与主轴所需的相对位置是否到位（这一步也可在主轴不启动的情况下进行）。

（9）将冷却泵转换开关 SQ2 置"开"位置，冷却泵电动机 M3 启动，输送冷却液。

（10）工作台进给运动。分别操作工作台纵向进给操纵手柄或横向及升降操纵十字手柄，可使固定在工作台上的工件随着工作台做 3 个坐标 6 个方向（左、右、前、后、上、下）上的进给运动；需要快速进给时，再按下 SB3 或 SB4，工作台快速进给运动。

（11）加装圆工作台时，应将工作台纵向进给操纵手柄和横向及升降操纵十字手柄置"中间"位置，此时可以将圆工作台转换开关 SA2 置"接通"，圆工作台转动。

（12）加工完毕后，按下主轴停止按钮 SB5 或 SB6，主轴随即制动停止。

（13）机床工作照明灯 EL 的开关置于"断开"位置，使铣床工作照明灯 EL 熄灭。

（14）断开铣床电源总开关 SQ1，试车结束。

四、在老师的监控指导下，按照上述操作方法，学生分组完成对铣床的试车操作训练

由于学生不是正式的铣床操作人员，因此，在进行试车操作训练时，可不用安装铣刀和工件进行加工，只需按照上述的试车操作步骤进行试车，观察铣床的运动过程即可。

 操作提示

（1）试车操作过程中，必须做好安全保护措施，如有异常情况必须立即切断电源。

（2）必须在教师的监护指导下操作，不得违反安全操作规程。

五、X62W 型万能铣床电气控制线路的安装

1. 分析绘制元器件布置图和接线图

通过观察 X62W 万能铣床的结构和控制元器件，绘制出元器件布置图。

2. 根据元件布置图逐一核对所有低压电气元件

按照元件布置图在机床上逐一找到所有电气元件，并在图纸上逐一做出标志，操作要求如下。

（1）此项操作断电进行。

（2）在核对过程中，观察并记录该电气元件的型号及安装方法。

（3）观察每个电气元件的线路连接方法。

（4）使用万用表测量各元件触点操作前后的通断情况并做记录。

3．X62W 万能铣床电气控制线路的安装

根据图 4-1-4 所示的电气原理图进行电气线路的安装。

检查评议

对任务实施的完成情况进行检查，并将结果填入任务测评表 4-1-10 中。

表 4-1-10　任务测评表

序号	主要内容	考核要求	评分标准	配分	扣分	得分
1	结构识别	（1）正确判断各操纵部件位置及功能 （2）正确判别电器位置、型号规格及作用	（1）对操作部件位置及功能不熟悉，每处扣 5 分 （2）对电器位置、型号规格及作用不清楚，每只扣 5 分	20		
2	安装前的检查	电气元件的检查	电气元件漏检或错检，每处扣 2 分	5		
3	电气线路安装	根据电气安装接线图和电气原理图进行电气线路的安装	（1）电气元件安装合理、牢固，否则每个扣 2 分，损坏电气元件，每个扣 10 分，电动机安装不符合要求，每台扣 5 分 （2）板前配线合理、整齐美观，否则每处扣 2 分 （3）按图接线，功能齐全，否则扣 20 分 （4）控制配电板与机床电气部件的连接导线敷设符合要求，否则每根扣 3 分 （5）漏接接地线扣 10 分	35		
4	通电试车	正确操作 X62W 型万能铣床。	（1）热继电器未整定或整定错误，每只扣 5 分 （2）通电试车的方法和步骤正确，否则每项扣 5 分 （3）试车不成功扣 30 分	30		
5	安全文明生产	（1）严格执行车间安全操作规程 （2）保持实习场地整洁，秩序井然	（1）发生安全事故扣 30 分 （2）违反文明生产要求视情况扣 5～20 分	10		
工时	12h	其中控制配电板的板前配线 5h，上机安装与调试 7h；每超过 5min 扣 5 分	合　计			
开始时间			结束时间		成　绩	

问题及防治

学生在进行 X62W 型万能铣床试车操作过程中，时常会遇到如下几个问题。

问题 1： 当按下停止按钮 SB5 或 SB6 后，主轴电动机未能准确制动停车。

原因： 停止按钮 SB5 或 SB6 未按到底，或者是松手太快。因为为了使主轴停车准确，主轴采用电磁离合器制动。该电磁离合器安装在主轴传动链中与电动机轴相连的第一根轴上，当按下停止按钮 SB5 或 SB6 时，如果未按到底，此时只有接触器 KM1 断电释放，电动机 M1 失电，但电动机未能立即停止，将做惯性运动。只有将按钮按到底时，停止按钮常开触头 SB5-2 或 SB6-2 接通电磁离合器 YC1，离合器吸合，将摩擦片压紧，对主轴电动机进行制动。另外，一般主轴制动时间不超过 0.5s，所以按下的停止按钮必须等到主轴停止转动后，才可松开。

预防措施： 主轴停车时，停止按钮 SB5 或 SB6 必须按到底，同时必须等到主轴停止转动后，才可松开。

问题 2： 当进行完主轴变速冲动后，重新按下主轴启动按钮 SB1 或 SB2 后，主轴不能启动。

原因： 未将主轴变速手柄完全复位。因为铣床的主轴变速是通过改变齿轮的传动比进行的，它由一个变速手柄和一个变速盘来实现 18 级不同转速（30～1500r/min）。为使变速时齿轮组能很好地重新啮合，设置变速冲动装置。变速时，先将变速手柄下压，然后往外拉动手柄，使齿轮组脱离；再转动蘑菇形变速手轮，调到所需转速上，再将变速手柄复位。在手柄复位过程中，压动位置开关 SQ1，SQ1 的常闭触头先断开，常开触头后闭合，主轴控制接触器 KM1 线圈瞬时通电，主轴电动机做瞬间点动，使齿轮系统抖动一下，以达到良好地啮合。当手柄完全复位后，SQ1 复位，断开了主轴瞬时点动线路，完成变速冲动工作，才能重新按下启动按钮，使主轴按变速后的转速启动运行。如果主轴变速手柄复位不到位（即 SQ1 的常开触点虽然复位断开了，但 SQ1 的常闭触头未能良好地复位闭合），即使完成了变速冲动工作，但重新按下启动按钮后，由于 SQ1 的常闭触头未接通，所以不能使接触器 KM1 线圈再次通电，主轴不能按变速后的转速启动运行。

预防措施： 在进行主轴变速时，一定要将拉出的变速手柄完全推回，使冲动位置开关 SQ1 完全复位，方可重新启动变速后的主轴。

 想一想

如果在进行工作台变速冲动调速后，重新操作工作台按变速后的速度进行进给运动，但工作台不能运动。试分析其原因，并提出预防措施。

 知识拓展

一、X62W 型万能铣床各转换开关位置及其动作说明

1. 主轴换向转换开关的位置及其动作说明

在 X62W 型万能铣床中主轴换向转换开关的位置及其动作说明见表 4-1-11。

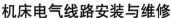

表 4-1-11　主轴换向转换开关

触头	位置		
	正转	停止	反转
SA3-1	−	−	+
SA3-2	+	−	−
SA3-3	+	−	−
SA3-4	−	−	+

2．工作台纵向进给位置开关的位置及其动作说明

在 X62W 型万能铣床中工作台纵向进给位置开关的位置及其动作说明见表 4-1-12。

表 4-1-12　工作台纵向进给位置开关

触头	位置		
	左	停止	右
SQ5-1	−	−	+
SQ5-2	+	+	−
SQ6-1	+	−	−
SQ6-2	−	+	+

3．工作台垂直与横向进给位置开关的位置及其动作说明

在 X62W 型万能铣床中工作台垂直与横向进给位置开关的位置及其动作说明见表 4-1-13。

表 4-1-13　工作台垂直与横向进给位置开关

触头	位置		
	前、下	停止	后、上
SQ3-1	+	−	−
SQ3-2	−	+	+
SQ4-1	−	−	+
SQ4-2	+	+	−

4．圆工作台控制开关的位置及其动作说明

在 X62W 型万能铣床中圆工作台控制开关的位置及其动作说明见表 4-1-14。

表 4-1-14　圆工作台控制开关

触头	位置	
	接通	断开
SA2-1	−	+
SA2-2	+	−
SA2-3	−	+

5．主轴换刀制动开关的位置及其动作说明

在 X62W 型万能铣床中主轴换刀制动开关的位置及其动作说明见表 4-1-15。

表 4-1-15　主轴换刀制动开关

触头	位置	
	接通	断开
SA1-1	+	−
SA1-2	−	+

任务 2　X62W 型万能铣床主轴、冷却泵电动机控制线路电气故障检修

学习目标

知识目标：

1. 熟悉排除冷却泵电动机控制常见电气故障的方法和步骤。

2. 熟悉排除 X62W 型万能铣床主轴电动机启动、冲动控制常见电气故障的方法和步骤。

能力目标：

能完成 X62W 型万能铣床主轴、冷却泵电动机控制线路常见故障的检修。

素质目标：

养成独立思考和动手操作的习惯，培养小组协调能力和互相学习的精神。

工作任务

X62W 型万能铣床的主要控制为对主轴电动机、冷却泵电动机和进给电动机的控制，本任务是分析排除 X62W 铣床主轴电动机启动、冲动、冷却泵电动机启动的常见故障。

相关知识

从如图 4-1-4 所示的电气原理图简化后的主轴电动机 M1 和冷却泵电动机 M3 的控制线路如图 4-2-1 所示。

一、主轴电动机 M1 电路分析

主轴电动机 M1 的控制包括启动控制、制动控制、换刀控制和变速冲动控制。如图 4-2-1 所示。

1. 主轴电动机 M1 的启动控制

主轴启动前，首先选择好主轴的转速，接着将主轴换向开关 SA3 扳到所需要的转向，然后合上铣床电源总开关 QS1。其工作原理如下：

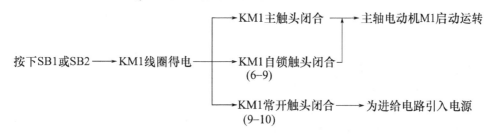

KM1 线圈得电回路为：TC（4）→FU6→5→SB6-1→7→SB5-1→8→SQ1-2→9→SB1（或 SB2）→6→KM1 线圈→TC1（0）。

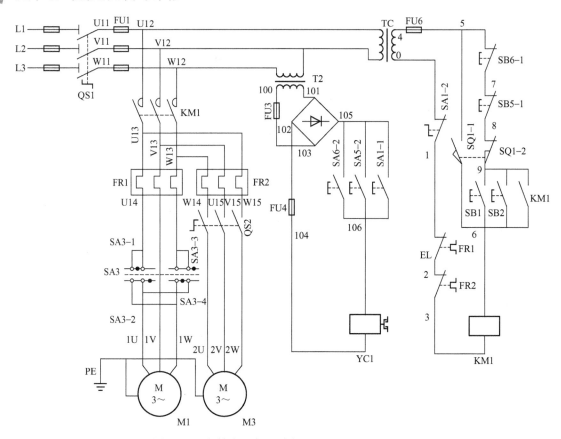

图 4-2-1　主轴电动机和冷却泵电动机控制电路图

2．主轴电动机 M1 停车及制动控制

当铣削完毕，需要主轴电动机 M1 停止时，为使主轴能迅速停车，控制电路采用电磁离合器 YC1 对主轴进行停车制动。其工作原理如下：

3．主轴换铣刀控制

主轴电动机 M1 停转后并不处于制动状态，主轴仍可自由转动。在主轴更换铣刀时，为避免主轴转动，造成更换困难，应将主轴制动。其方法是将主轴制动换刀开关 SA1 扳向换刀位置（即松紧开关 SA1 置"夹紧"位置），SA1-2 常开触头（105-106）闭合，电磁离合器 YC1 获电，将主轴电动机 M1 制动；同时 SA1-1 常闭触头（0-1）断开，切断了控制电路，机床无法启动运行，从而保证了人身安全。

主轴制动、换刀开关 SA1 的通断状态见表 4-2-1。

表 4-2-1　主轴制动、换刀开关 SA1 的通断状态

触头	接线端标号	所在图区	操作位置	
			主轴正常工作	主轴换刀制动
SA1-1	0-1	12	+	—
SA1-2	105-106	8	—	+

4．主轴变速冲动控制

主轴变速冲动控制线路较为简单，主要是利用变速手柄与冲动行程开关 SQ1 通过机械上的联动机构进行控制的，其控制过程在本课题任务 1 已做介绍，在此不再赘述。

二、冷却泵电动机 M2 的控制电路分析

冷却泵电动机 M2 的控制电路如图 4-2-2 所示。

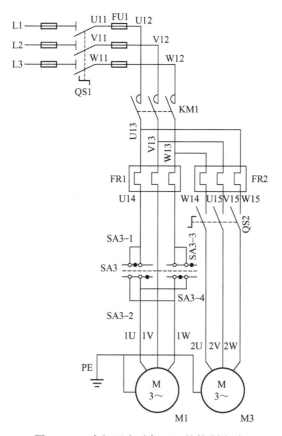

图 4-2-2　冷却泵电动机 M2 的控制电路

1．冷却泵电动机 M2 启动

只有当主轴电动机 M1 启动后，KM1 的主触头闭合后才可启动冷却泵电动机 M2。其工作原理分析如下：

M1 启动后→合上 SQ2→M2 启动运转。

2．冷却泵电动机 M2 停止

关断 SQ2→M2 脱离电源停止运转。

**任务准备**

实施本任务教学所使用的实训设备及工具材料见表 4-2-2。

表 4-2-2　实训设备及工具材料

序号	分类	名称	型号规格	数量	单位	备注
1	工具	电工常用工具		1	套	
2	仪表	万用表	MF47 型	1	块	
3		兆欧表	500V	1	只	
4		钳形电流表		1	只	
5	设备器材	X62W 型铣床或模拟机床线路板		1	台	

任务实施

一、熟悉 X62W 型万能铣床主轴、冷却泵电动机控制线路

在教师的指导下，根据前面任务测绘出的 X62W 型万能铣床的电气接线图和电器位置图，在铣床上找出主轴、冷却泵电动机控制线路实际走线路径，并与图 4-2-1 所示和图 4-2-2 所示的电气线路图进行比较，为故障分析和检修做好准备。

二、X62W 型万能铣床主轴控制线路故障分析与检修

第一，由教师在 X62W 型万能铣床（或模拟实训台）的主轴电路上，人为设置自然故障点，并进行故障分析和故障检修操作示范，让学生仔细观察教师示范检修过程。第二，在教师的指导下，让学生分组自行完成故障点的检修实训任务。X62W 型万能铣床主轴常见故障现象和检修方法如下。

1．主轴电动机 M1 不能启动

【故障现象 1】合上电源开关 QS1，合上照明灯开关 SA4，照明灯 EL 亮，按下启动按钮 SB1（或 SB2），主轴电动机 M1 正、反转都转得很慢甚至不转，并发出"嗡嗡"声。

【故障分析】采用逻辑分析法对故障现象进行分析可知，当按下启动按钮 SB1（或 SB2）后，主轴电动机 M1 转得很慢甚至不转，并发出"嗡嗡"声，说明接触器 KM1 已吸合，电气故障为典型的电动机缺相运行，因此故障范围应在主轴电气控制的主回路上。由于万能铣床的主轴电动机 M1 和冷却泵电动机 M3 采取的是循序控制，因此，通过逻辑分析法画出故障最小范围应从下面两种情况进行分析。

（1）合上 QS2 后，冷却泵电动机 M3 运行正常，此时可用虚线画出该故障的最小范围，如图 4-2-3 所示。

【故障检修】当试机时，发现电动机缺相运行，应立即将 SA3 扳到中间"停止"位置，使主轴电动机 M1 脱离电源，避免主轴电动机"带病"工作，然后根据图 4-2-3 所示的故

障最小范围，以主轴换向开关 SA3 为分界点，分别采用电压测量法和电阻测量法进行故障检测。在采用电阻测量法测量回路时应在断开电源的情况下进行操作。

（2）合上 QS2 后，冷却泵电动机 M3 运行也不正常，此时可用虚线画出该故障的最小范围，如图 4-2-4 所示。

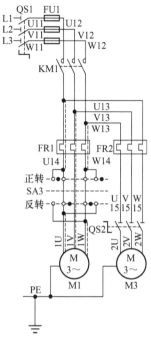

图 4-2-3　故障最小范围

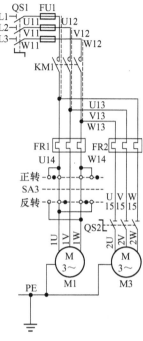

图 4-2-4　故障最小范围

【故障检修】当试机时，发现主轴电动机 M1 和冷却泵电动机 M3 同时缺相运行，应立即按下停止按钮 SB5 或 SB6，使接触器 KM1 主触头分断，主轴电动机 M1 脱离电源，以避免主轴电动机"带病"工作，然后根据图 4-2-4 所示的故障最小范围，以接触器 KM1 主触头为分界点，分别采用电压测量法和电阻测量法进行故障检测。在采用电阻测量法测量回路时应在断开电源的情况下进行操作。

 想一想练一练

（1）合上电源开关 QS1，合上照明灯开关 SA4，照明灯 EL 亮，按下启动按钮 SB1（或 SB2），在顺铣时，主轴电动机转动正常，但在逆铣时，主轴电动机 M1 转得很慢甚至不转，并发出"嗡嗡"声。试画出故障最小范围，并说出检修方法。

（2）合上电源开关 QS1，合上照明灯开关 SA4，照明灯 EL 亮，按下启动按钮 SB1（或 SB2），在逆铣时，主轴电动机转动正常，但在顺铣时，主轴电动机 M1 转得很慢甚至不转，并发出"嗡嗡"声。试画出故障最小范围，并说出检修方法。

【故障现象 2】合上电源开关 QS1，合上照明灯开关 SA4，照明灯 EL 亮，按下启动按钮 SB1（或 SB2），KM1 接触器不动作，主轴电动机 M1 不转。

【故障分析】采用逻辑分析法对故障现象进行分析可知，当按下启动按钮 SB1（或 SB2）

后，KM1 接触器不动作，主轴电动机 M1 不转。该故障范围应在主轴电气控制的控制回路上。由于万能铣床的主轴电动机 M1 控制分为主轴启停控制和主轴突动变速控制，因此，通过逻辑分析法画出故障最小范围应从下面两种情况分析。

（1）按下启动按钮 SB1（或 SB2），KM1 接触器不动作，主轴电动机 M1 不转，但操作变速冲动开关 SQ1，主轴能变速冲动，按下 SB3 或 SB4 快速进给也不正常，可用虚线画出该故障的最小范围，如图 4-2-5 所示。

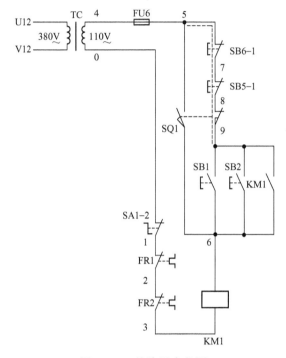

图 4-2-5　故障最小范围

（2）按下启动按钮 SB1（或 SB2），KM1 接触器不动作，主轴电动机 M1 不转，但操作变速冲动开关 SQ1，主轴不能变速冲动，按下 SB3 或 SB4 快速进给正常，可用虚线画出该故障的最小范围，如图 4-2-6 所示。

【故障检修】分别根据故障现象，按照图 4-2-5 所示和图 4-2-6 所示的故障最小范围，采用电压测量法和电阻测量法进行故障检测。在采用电阻测量法测量回路时应在断开电源的情况下进行操作。

想一想练一练

（1）合上电源开关 QS1，合上照明灯开关 SA4，照明灯 EL 亮，按下启动按钮 SB1（或 SB2），KM1 接触器不动作，主轴电动机 M1 不转，但操作变速冲动开关 SQ1，主轴能变速冲动，按下 SB3 或 SB4 快速进给正常，试画出故障最小范围，并说出检修方法。

（2）合上电源开关 QS1，合上照明灯开关 SA4，照明灯 EL 亮，按下启动按钮 SB1（或 SB2），主轴电动机 M1 转动，但松开 SB1（或 SB2）后，主轴电动机 M1 停止。试画出故障最小范围，并说出检修方法。

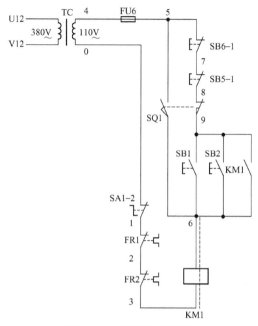

图 4-2-6 故障最小范围

2．主轴停车没有制动作用

主轴停车无制动作用，常见的故障点有交流回路中 FU3、T2，整流桥，直流回路中的 FU4、YC1、SB5-2（SB6-2）等。检查故障时可先将主轴换向开关 SA3 扳到停止位置，然后按下 SB5（或 SB6），仔细听有无 YC1 得电离合器动作的声音，具体检修流程如下：

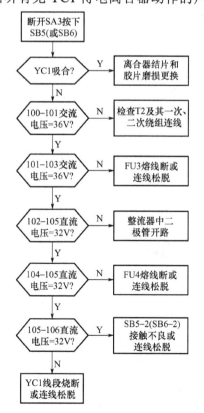

注意，该故障检修测量时应注意万用表交/直流量程转换，不能一支表笔在直流端，另一支表笔在交流端，否则易造成测量过程的短路事故。YC1 的直流电阻为 $24 \sim 26\,\Omega$。

操作提示

（1）操作时不要损坏元件。

（2）各控制开关操作后，要复位。

（3）排除故障时，必须修复故障点，严禁扩大故障范围或产生新故障。检修过程中不要损伤导线或使导线连接脱落。

（4）检修所用工具、仪表等符合使用要求。

检查评议

对任务的完成情况进行检查，并将结果填入任务测评表 4-2-3。

表 4-2-3　任务测评表

序号	考核内容	考核要求	评分标准	配分	扣分	得分
1	故障现象	正确观察万能铣床故障现象	能正确观察万能铣床故障现象，若故障现象判断错误，每个故障扣 10 分	10		
2	故障范围	用虚线在电气原理图中画出最小故障范围	能用虚线在电气原理图中画出最小故障范围，错判故障范围，每个故障扣 10 分；未缩小到最小故障范围，每个扣 5 分	20		
3	检修方法	检修步骤正确	（1）仪表和工具使用正确，否则每次扣 5 分 （2）检修步骤正确，否则每处扣 5 分	30		
4	故障排除	故障排除完全	故障排除完全，否则每个扣 10 分；不能查出故障点，每个故障扣 20 分；若扩大故障每个扣 20 分，若损坏电气元件，每只扣 10 分	30		
5	安全文明生产	（1）严格执行车间安全操作规程 （2）保持实习场地整洁，秩序井然	（1）发生安全事故扣 30 分 （2）违反文明生产要求视情况扣 5～10 分	10		
工时	30min		合　计			
开始时间			结束时间		成绩	

任务 3　X62W 型万能铣床进给电路常见电气故障检修

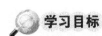

学习目标

知识目标：

1. 熟悉排除X62W型万能铣床工作台上、下、左、右、前、后进给控制电路常见故障的方法和步骤。

2. 熟练排除 X62W 型万能铣床工作台快速进给控制常见电气故障的方法和步骤。

3. 熟练排除 X62W 型万能铣床圆工作台常见电气故障的方法和步骤。

能力目标：

能完成 X62W 型万能铣床进给控制线路常见故障的检修。

素质目标：

养成独立思考和动手操作的习惯，培养小组协调能力和互相学习的精神。

X62W 型万能铣床工作台前、后、左、右和上、下 6 个方向上的进给运动是通过两个操纵手柄、快速移动按钮、电磁离合器 YC2、YC3 和机械联动机构控制相应的行程开关使进给电动机 M2 正转或反转，实现工作台的常速或快速移动的，并且 6 个方向的运动是连锁的，不能同时接通。本任务是分析排除 X62W 铣床进给电路的常见故障。

一、工作台进给电气控制线路分析

从如图 4-1-4 所示的 X62W 型万能铣床电气原理图简化后的进给电动机 M3 的电气控制线路如图 4-3-1 所示。

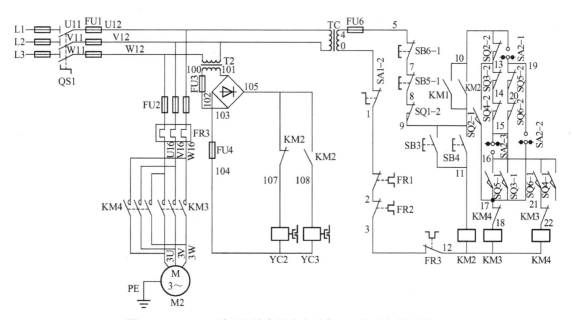

图 4-3-1　X62W 型万能铣床进给电动机 M3 的电气控制线路

X62W 型万能铣床工作台的 6 个方向进给运动分别由接触器 KM3 和 KM4 进行控制，其中右、下、前 3 个方向由接触器 KM1 控制，左、上、后 3 个方向由接触器 KM2 控制，工作台 6 个方向进给运动的电流路径如图 4-3-2 所示。

1．工作台的纵向（左、右）进给运动

简化后的工作台纵向（左、右）进给运动控制线路如图 4-3-3 所示，工作台的纵向（左、右）进给运动是通过水平工作台纵向操纵手柄和行程开关组合控制的，见表 4-3-1。其控制过程如下。

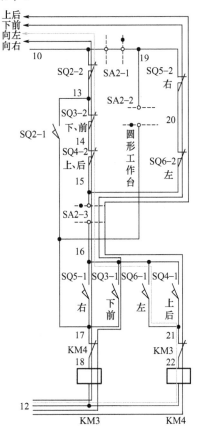

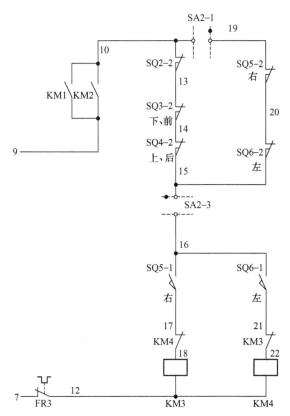

图 4-3-2　工作台 6 个方向进给运动的电流路径　　图 4-3-3　工作台纵向（左、右）进给运动控制线路

启动条件：十字（横向、垂直）操纵手柄置"居中"位置（行程开关 SQ3、SQ4 不受压）；控制圆工作台的选择转换开关 SA2 置于"断开"的位置；纵向手柄置"居中"位置（行程开关 SQ5、SQ6 不受压）；主轴电动机 M1 首先已启动，即接触器 KM1 得电吸合并自锁，其辅助常开触头 KM1（9-10）闭合，接通进给控制电路电源。

表 4-3-1　工作台纵向（左、右）进给操纵手柄位置及其控制关系

手柄位置	行程开关动作	接触器动作	电动机 M3 转向	传动链搭合丝杠	工作台运动方向
向右	SQ6	KM3	正转	左右进给丝杠	向右
居中	—		停止	—	停止
向左	SQ5	KM4	反转	左右进给丝杠	向左

（1）工作台向左进给运动控制。

（2）工作台向右进给运动控制。

工作台向右进给控制与工作台向左进给控制相似，参与控制的电器是行程开关 SQ5 和接触器 KM3，请读者根据图 4-3-3 所示的控制线路自行分析。

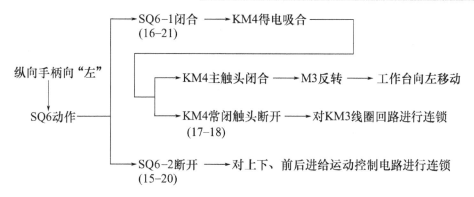

2. 工作台垂直（上、下）和横向（前、后）进给运动

简化后的工作台垂直（上、下）和横向（前、后）进给运动控制线路如图 4-3-4 所示，工作台垂直和横向进给运动的选择和连锁通过十字操纵手柄和行程开关 SQ3、SQ4 组合控制，见表 4-3-2。其控制过程如下。

启动条件：左右（纵向）操纵手柄置"居中"位置（SQ5、SQ6 不受压）；控制圆工作台转换开关 SA2 置于"断开"位置；十字（横向、垂直）操纵手柄置"居中"位置（行程开关 SQ3、SQ4 不受压）；主轴电动机 M1 首先已启动（即接触器 KM1 得电吸合）。

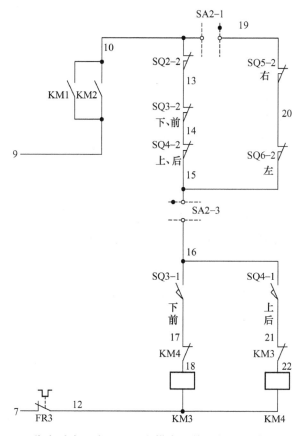

图 4-3-4　工作台垂直（上、下）和横向（前、后）进给运动控制线路

表 4-3-2　工作台垂直（上、下）和横向（前、后）进给操纵手柄位置及其控制关系

手柄位置	行程开关动作	接触器动作	电动机 M3 转向	传动链搭合丝杠	工作台运动方向
向上	SQ4	KM4	反转	上下进给丝杠	向上
向下	SQ3	KM3	正转	上下进给丝杠	向下
居中	—	—	停止	—	停止
向前	SQ3	KM3	正转	前后进给丝杠	向前
向后	SQ4	KM4	反转	前后进给丝杠	向后

（1）工作台向上和向后的进给。

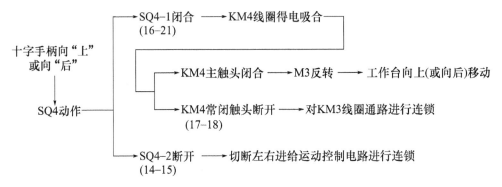

（2）工作台向下和向前的进给。

工作台向下、向前进给控制与工作台向上、向后进给控制相似，请读者自行分析。

值得一提的是，工作台左右进给操纵手柄与上下、前后进给操纵手柄具有连锁控制关系。即在两个手柄中，只能进行其中一个进给方向上的操作，当一个操纵手柄被置于某一个进给方向后，另一个操纵手柄必须置于"中间"位置，否则将无法实现进给运动。如果当把左右进给操纵手柄扳向"左"时，又将十字进给操纵手柄扳置向"下"进给方向，则位置开关 SQ5 和 SQ3 均被压下，触头 SQ5-2 和 SQ3-2 均分断，断开了接触器 KM3 和 KM4 的线圈通路，进给电动机 M3 只能停转，保证操作安全。

3．圆工作台进给运动

为了扩大铣床的加工范围，可在铣床工作台上安装附件圆形工作台，进行对圆弧或凸轮的铣削加工。简化后的圆工作台进给运动控制线路如图 4-3-5 所示。其控制过程如下。

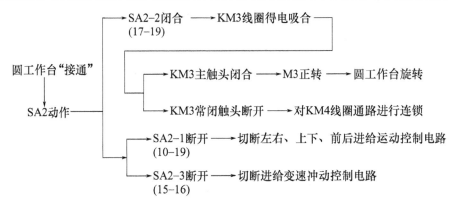

启动条件：首先将纵向（左、右）和十字（横向、垂直）操纵手柄置于"中间"位置

（行程开关 SQ3～SQ6 均未受压，处于原始状态）；主轴电动机 M1 首先已启动，即接触器 KM1 得电吸合并自锁，其辅助常开触头 KM1（9–10）闭合，接通圆工作台进给控制电路电源。

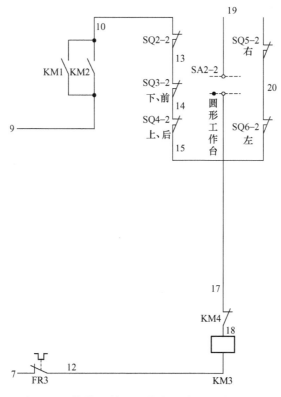

图 4-3-5　简化后的圆工作台进给运动控制线路

需要圆工作台停止工作时，只需按下停止按钮 SB1 或 SB2，此时 KM1、KM3 相继失电释放，电动机 M3 停转，圆工作台停止回转。

4．工作台进给变速时的瞬时点动（即进给变速冲动）

简化后工作台进给变速时的瞬时点动（即进给变速冲动）控制线路如图 4-3-6 所示。

工作台进给变速冲动与主轴变速冲动一样，是为了便于变速时齿轮的啮合，进给变速冲动由蘑菇形进给变速手柄配合行程开关 SQ2 来实现。但进给变速时不允许工作台做任何方向的运动。其控制过程如下。

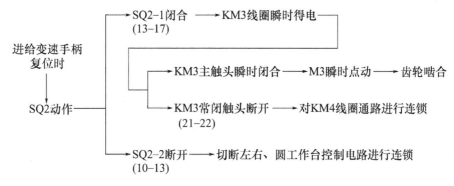

启动条件：主轴电动机 M1 先已启动，即接触器 KM1 得电吸合并自锁，其辅助常开触头 KM1（9-10）闭合，接通进给控制电路电源。

变速时，先将蘑菇形变速手柄拉出，使齿轮脱离啮合，转动变速盘至所选择的进给速度挡，然后用力将蘑菇形变速手柄向外拉到极限位置，再将蘑菇形变速手柄复位。

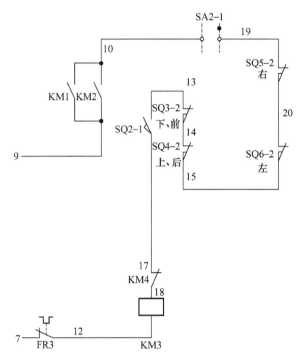

图 4-3-6　简化后工作台进给变速冲动控制线路

5．工作台的快速运动

工作台的快速运动，是由各个方向的操纵手柄与快速按钮 SB3 或 SB4 配合控制的。如果需要工作台在某个方向快速运动，应将工作台操纵手柄扳向相应的方向位置。其控制过程如下。

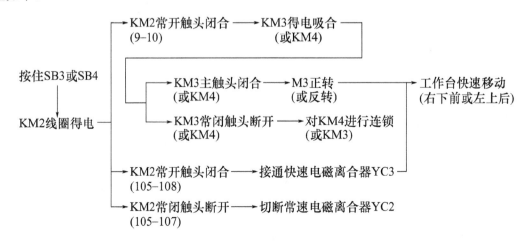

松开快速按钮 SB3 或 SB4，接触器 KM3 或 KM4 失电释放，快速电磁离合器 YC3 失电释放，常速电磁离合器 YC2 得电吸合，工作台快速运动停止，继续以常速在这个方向上运动。

实施本任务教学所使用的实训设备及工具材料见表 4-3-3。

表 4-3-3 实训设备及工具材料

序号	分类	名称	型号规格	数量	单位	备注
1	工具	电工常用工具		1	套	
2	仪表	万用表	MF47 型	1	块	
3		兆欧表	500V	1	只	
4		钳形电流表		1	只	
5	设备器材	X62W 铣床或模拟机床线路板		1	台	

一、熟悉 X62W 型万能铣床进给控制线路

在教师的指导下，根据前面任务测绘出的 X62W 型万能铣床的电气接线图和电器位置图，在 X62W 型万能铣床进给电机控制线路实际走线路径，并与图 4-3-1 所示的电气线路图进行比较，为故障分析和检修做好准备。

二、X62W 型万能铣床进给控制电路常见故障分析与检修

第一，由教师在 X62W 型万能铣床（或模拟实训台）的进给控制电路上，人为设置自然故障点，并进行故障分析和故障检修操作示范，让学生仔细观察教师示范检修过程。第二，在教师的指导下，让学生分组自行完成故障点的检修实训任务。X62W 型万能铣床进给控制电路常见故障现象和检修方法如下。

1. 主轴电动机启动，进给电动机转动，但扳动任意一个进给操作手柄，都不能进给

造成这一现象的原因是圆工作台转换开关 SA2 拨到了"接通"位置。进给手柄置于"中间"位置时，启动主轴，进给电动机 M2 工作，扳动任意一个进给操作手柄，都会切断 KM3 的通电回路，使进给电动机停转。只要将 SA2 拨到"断开"位置，即可正常进给。

2. 工作台各个方向都不能进给

主轴工作正常，进给方向均不能进给，故障多出现在公共点上，可通过试车现象缩小故障范围，判断故障位置，再进行测量。一般检修流程如下：

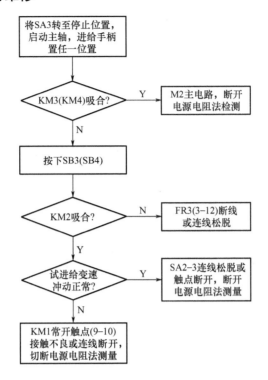

 **操作提示**

（1）主轴电动机工作正常后，而进给部分有故障，为了能够通过试车声音判断故障位置，可将主轴转换开关 SA3 转至停止位置，避免主轴电动机工作声音影响判断。

（2）在进行工作台 6 个方向进给运动的试机时，不能简单地操作纵向（左右）操作手柄或垂直（上下）、横向（前后）操作手柄就确定故障最小范围。应配合快速进给控制观察 6 个方向能否进行控制。如主轴电动机工作正常后，进给操作手柄置于任一位置都不能进给运动，但按下快速进给按钮 SB3 或 SB4 后，6 个方向的快速进给正常，其故障的最小范围如图 4-3-7 所示。若主轴电动机工作正常后，进给操作手柄置于任一位置都不能进给运动，按下快速进给按钮 SB3 或 SB4 后，6 个方向的快速进给都不正常，其故障的最小范围如图 4-3-8 所示。

3．工作台能上下进给，但不能左右进给

工作台上下进给正常，而左右进给均不工作，这表明故障多出现在左右进给的公共通道 17 区（10→SQ2-2→13→SQ3-2→14→SQ4-2→15）之间。检修时，首先检查垂直与横向进给十字操作手柄是否置于中间位置，是否压出 SQ3 或 SQ4；在两个进给手柄在中间位置时，操作工作台变速冲动是否正常，若正常则表明故障在变速冲动位置开关 SQ2-2 常闭触点接触不良或其连接线松脱，否则故障多在 SQ3-2、SQ4-2 常闭触点及其连线上。

 操作提示

在采用电阻法测量检修该故障时，应注意断开 6 个方向运动的控制回路，否则会造成误判。具体方法有如下两种。

（1）首先断开总电源开关 QS1，然后将圆工作台开关 SA2 拨到"接通"位置，使 SA2-1 处于断开状态，切断 6 个方向运动回路，然后再进行检查。

（2）在不启动主轴的前提下，将纵向进给手柄置于任意故障位置，断开互锁的一条并联通道，然后再采用电压法或电阻法测量找出故障的具体位置。

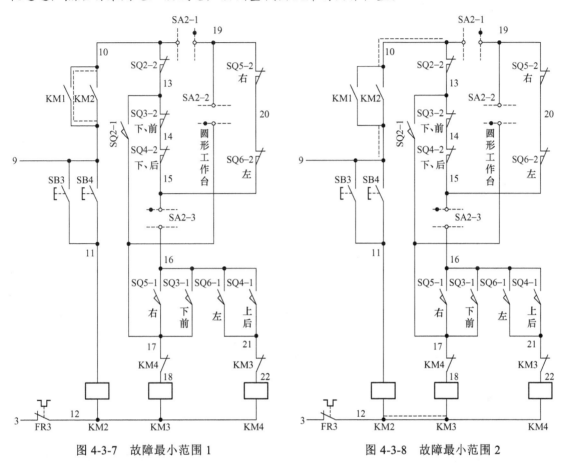

图 4-3-7　故障最小范围 1　　　　　　　　图 4-3-8　故障最小范围 2

 想一想练一练

工作台左右进给正常，而上下、前后进给均不工作。试画出故障最小范围，并说出检修方法。

4. 工作台能向左进给但不能向右进给

由于工作台的向右进给和工作台的下（前）进给、工作台变速冲动、圆工作台的控制都是 KM3 吸合，M2 正转，因此，可通过测试工作台的下（前）进给、工作台变速冲动、圆工作台的控制来缩小故障范围，具体情况如下。

（1）只有左、上（后）正常，但右、下（前）和工作台冲动、圆工作台运动不动作。其故障最小范围如图 4-3-9 所示。

（2）只有左、上（后）、下（前）和工作台冲动、圆工作台运动动作正常，但向右不能进给，其故障最小范围如图 4-3-10 所示。

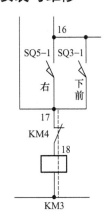

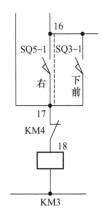

图 4-3-9　故障最小范围 3　　　　　图 4-3-10　故障最小范围 4

想一想练一练

工作台能向右进给但不能向左进给。试画出故障最小范围，并说出检修方法。

5. 圆工作台不能工作

由于圆工作台进给与工作台变速冲动、工作台的右、下（前）进给的控制都是 KM3 吸合，M2 正转，因此，可通过测试工作台的右、下（前）进给、工作台变速冲动的控制来缩小故障范围。具体方法是：圆工作台不工作时，应将圆工作台转换开关 SA2 重新转至"断开"位置，然后检查纵向和横向进给工作是否正常，再检查工作台进给冲动是否正常，排除四个位置开关（SQ3～SQ6）常闭触点之间的连锁故障。当纵向和横向以及工作台进给冲动都正常时，则圆工作台不工作的故障只有在 SA2-2 触点或其连接线上。

想一想练一练

纵向和横向进给工作正常，但圆工作台不工作以及工作台进给冲动不正常，试画出故障最小范围，并说出检修方法。

检查评议

对任务的完成情况进行检查，并将结果填入任务测评表 4-3-4。

表 4-3-4　任务测评表

序号	考核内容	考核要求	评分标准	配分	扣分	得分
1	故障现象	正确观察故障现象	能正确观察故障现象，若故障现象判断错误，每个故障扣 10 分	10		
2	故障范围	用虚线在电气原理图中画出最小故障范围	能用虚线在电气原理图中画出最小故障范围，错判故障范围，每个故障扣 10 分；未缩小到最小故障范围，每个扣 5 分	20		
3	检修方法	检修步骤正确	（1）仪表和工具使用正确，否则每次扣 5 分 （2）检修步骤正确，否则每处扣 5 分	30		

续表

序号	考核内容	考核要求	评分标准	配分	扣分	得分
4	故障排除	故障排除完全	故障排除完全，否则每个扣 10 分；不能查出故障点，每个故障扣 20 分；若扩大故障，每个扣 20 分，若损坏电气元件，每只扣 10 分	30		
5	安全文明生产	(1)严格执行车间安全操作规程 (2)保持实习场地整洁，秩序井然	(1) 发生安全事故扣 30 分 (2) 违反文明生产要求视情况扣 5～10 分	10		
工时	30min		合 计			
开始时间		结束时间		成 绩		

考证测试题

考工要求

行为领域	鉴定范围	鉴定点	重要程度
理论知识	较复杂机械设备的装调与维修知识	X62W 型万能铣床电气系统的组成及工作特点	★★
		X62W 型万能铣床电气控制电路的组成、原理和故障现象分析及排除方法	★★★
操作技能	测绘	X62W 型万能铣床电气元件明细表的测绘	★★★
	设计、安装与调试	X62W 型万能铣床试车操作调试	★★
	机床电气控制电路维修	X62W 型万能铣床电气控制电路故障的检查、分析及排除	★★★

一、填空题（将正确的答案填在横线空白处）

1．X62W 型万能铣床的主轴切削因为不是连续受力，所以主轴传动系统中有惯性轮，停车时必须制动，主轴制动采用电磁离合器_____，当按下停止按钮 SB5 或 SB6 时，其常闭触头_____，而常开触头_____，当 YC1 通电吸合后，主轴制动，松开 SB5 或 SB6 则 YC1 失电，制动结束。

2．X62W 型万能铣床铣头上或卸下铣刀时，主轴必须在_____状态下。当要装刀或卸刀时，电路中采用开关_____来实现，使_____断开控制电路，以防止误动作而伤人或设备，而_____接通电磁离合器 YC1 制动主轴。

3．X62W 型万能铣床主轴的变速由齿轮系统完成，当变速时将变速手柄拉出，调好速度挡后，为使齿轮易于重新啮合，在啮合前主轴必须_____。

4．X62W 型万能铣床工作台有 3 个坐标_____、_____、_____，6 个方向_____、_____、_____、_____、_____、_____。

5．X62W 型万能铣床电气线路中，接触器 KM3 支路中有两个位置开关 SQ3-1 和 SQ5-1 并联，接触器 KM4 支路中有两个位置开关 SQ4-1 和 SQ6-1 并联。其中左右手柄控制_____和_____，上下前后手柄控制_____和_____。

6．为了提高工作效率，工作台必须有快进装置，当按下按钮_____或_____，接触器 KM2 通电吸合，其中一个常开触点接通控制电路，另一个常开触点接通电磁离合器_____，常闭触点断开电磁离合器_____，使它释放，断开齿轮变速系统，则电动机直接驱动传动丝杆，可得到快速移动，快速移动的方向仍由_____决定。

二、选择题（将正确答案的序号填入括号内）

1. X62W 型万能铣床的操作方法是（　　）。

　　A. 全用按钮　　　　　　　B. 全用手柄　　　　　　　C. 既有按钮又有手柄

2. X62W 型万能铣床主轴电动机要求正反转，不用接触器控制而用组合开关控制，是因为（　　）。

　　A. 节省电器　　　　　　B. 正反转不频繁　　　　　　C. 操作方便

3. X62W 型万能铣床工作台没有采取制动措施，是因为（　　）。

　　A. 惯性小　　　　　　　B. 速度不高且用丝杆传动　　C. 有机械制动

4. X62W 型万能铣床工作台进给必须在主轴启动后才允许进给，是为了（　　）。

　　A. 安全需要　　　　　　B. 加工工艺需要　　　　　　C. 电路安装需要

5. X62W 型万能铣床若主轴未启动，工作台（　　）。

　　A. 不能有任何进给　　　B. 可以进给　　　　　　　　C. 可以快速进给

6. X62W 型万能铣床用圆工作台加工时，两个操作手柄均置于零位，组合开关 SA2 置于圆工作台位置，则有（　　）。

　　A. SA2-1、SA2-3 断而 SA2-2 合　　　　B. SA2-1、SA2-3 合而 SA2-2 断

　　C. SA2-1、SA2-2 断而 SA2-3 合

三、简答题

1. X62W 型万能铣床进给控制电路中接触器 KM1 和 KM2 的两个辅助常开触点并联的作用是什么？

2. X62W 型万能铣床控制电路中组合开关 SA1-2 的功能是什么？

3. 详述 X62W 型万能铣床向右进给时电路的工作过程。

四、技能题

题目一：对照 X62W 型万能铣床实物进行电气元件明细表的测绘，同时写出试车的基本操作步骤，并进行试车操作调试。

1. 操作要求。

（1）根据对实物的测绘，将 X62W 型万能铣床的元器件名称、型号规格、作用及数量填在自己设计的电气元件明细表中。

（2）请在试卷上写出 X62W 型万能铣床基本试车操作调试步骤。

（3）X62W 型万能铣床的试车操作调试。

2. 操作时限：120min。

3. 配分及评分标准。

评分标准

序号	考核内容	考核要求	评分标准	配分	扣分	得分
1	测绘	对 X62W 型万能铣床的电器名称位置、型号规格及作用进行测绘	（1）对电器位置、型号规格及作用表达不清楚，每只扣 5 分 （2）每漏测绘一个电器扣 5 分 （3）测绘过程中损坏元器件，每只扣 10 分	30		

续表

序号	考核内容	考核要求	评分标准	配分	扣分	得分
2	调试步骤编写	试车操作调试步骤的编写	（1）每错、漏编写一个操作步骤扣5分 （2）不会写本项不得分	20		
3	试车	按照 X62W 型万能铣床正确的试车操作调试步骤进行操作试车	（1）试车操作步骤每错一次扣5分 （2）不会操作试车本项不得分	40		
4	安全文明生产	（1）遵守安全操作规程，正确使用工具，操作现场整洁 （2）安全用电，注意防火，无人身、设备事故	（1）不符合要求，每项扣2分，扣完为止 （2）因违规操作，发生触电、火灾、人身或设备事故，本题按0分处理	10		
工时	120min		合　计			
开始时间			结束时间		成　绩	

题目二：在 X62W 型万能铣床实物（或模拟电气控制线路板）的电气控制线路上人为设置隐蔽的故障 3 处，请在规定的时间内，按照考核要求排除故障。

1．考核要求。

（1）根据故障现象在 X62W 型万能铣床电气控制线路图上，用虚线画出故障最小范围。

（2）检修方法及步骤正确合理，当故障排除后，请用"*"在电气控制线路图中标出故障所在的位置。

（3）安全文明生产。

2．操作时限：30min。

3．配分及评标准。

评分标准

序号	考核内容	考核要求	评分标准	配分	扣分	得分
1	故障现象	正确观察铣床的故障现象	能正确观察铣床的故障现象，若故障现象判断错误，每个故障扣10分	10		
2	故障范围	用虚线在电气原理图中画出最小故障范围	能用虚线在电气原理图中画出最小故障范围，错判故障范围，每个故障扣10分；未缩小到最小故障范围，每个扣5分	20		
3	检修方法	检修步骤正确	（1）仪表和工具使用正确，否则每次扣5分 （2）检修步骤正确，否则每处扣5分	30		
4	故障排除	故障排除完全	故障排除完全，否则每个扣10分；不能查出故障点，每个故障扣20分；若扩大故障，每个扣20分，如损坏电气元件，每只扣10分	30		
5	安全文明生产	（1）严格执行安全操作规程 （2）保持考场整洁，秩序井然	（1）发生安全事故取消考试资格 （2）违反文明生产要求视情况扣5～10分	10		
工时	30min		合　计			
开始时间			结束时间		成　绩	

模块  T68 型卧式镗床电气

控制线路安装与检修

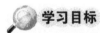任务 1　认识 T68 型卧式镗床

学习目标

知识目标：

1. 了解 T68 型卧式镗床的结构、作用和运动形式。
2. 熟悉 T68 型卧式镗床电气线路的组成及工作原理。
3. 熟悉构成 T68 型卧式镗床的操纵手柄、按钮和开关的功能。
4. 能正确识读 T68 型卧式镗床的元器件的位置、线路的大致走向。

能力目标：

能对 T68 型卧式镗床进行基本操作及调试。

素质目标：

养成独立思考和动手操作的习惯，培养小组协调能力和互相学习的精神。

工作任务

　　T68 型卧式镗床是一种多用途金属加工机床，如图 5-1-1 所示。该镗床不但能钻孔、镗孔、扩孔，还能铣削平面、端面和内外圆，加工精度高，属于精密机床。本次工作任务是：通过观摩操作，掌握 T68 型卧式镗床的主要结构和运动形式；能正确识读 T68 型卧式镗床电气控制线路原理图以及能正确操作、调试 T68 型卧式镗床。

相关知识

一、认识 T68 型卧式镗床

1. T68 型卧式镗床的型号含义

T68 型卧式镗床的型号含义为：

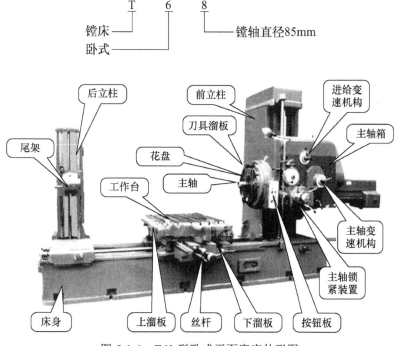

图 5-1-1　T68 型卧式平面磨床外形图

2．T68 型卧式镗床的主要结构及运动形式

T68 型卧式镗床的主要结构如图 5-1-1 所示，主要由床身、主轴箱、前立柱、带尾架的后立柱、下溜板、上溜板和工作台等部分组成。其主要操纵部件位置如图 5-1-2 所示。

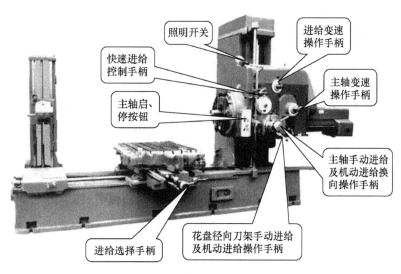

图 5-1-2　T68 型卧式镗床主要操纵部件位置

T68 型卧式镗床的主要运动形式包括主运动、进给运动和辅助运动。

（1）主运动。

主运动包括镗床主轴和花盘的旋转运动。

（2）进给运动。

进给运动包括镗床主轴的轴向进给，花盘上刀具溜板的径向进给，工作台的横向和纵向进给，主轴箱沿前立柱导轨的升降运动（垂直进给）。

（3）辅助运动。

辅助运动包括镗床工作台的回转，后立柱的轴向水平移动，尾座的垂直移动及各部分的快速移动。

3．T68型卧式镗床电气控制的特点

（1）机床的主运动和进给运动共用一台双速电动机M1。低速时可直接启动；高速时，采用先低速而后自动转为高速运行的二级控制，以减小启动电流。

（2）主电动机M1能正反向运行，并能正反向点动及反接制动。在点动、制动以及变速过程的脉动时，电路均可串入限流电阻R，以减小启动电流和制动电流。

（3）主轴和进给变速均可在运动中进行。主轴变速时，电动机的脉动旋转通过位置开关SQ1、SQ2完成，进给变速通过位置开关SQ3、SQ4以及速度继电器KS共同完成。

（4）为缩短机床加工的辅助工作时间，主轴箱、工作台、主轴通过电动机M2驱动其快速移动，它们之间的进给有机械和电气连锁保护。

二、T68型卧式镗床电气控制电路分析

T68型卧式镗床控制线路原理图如图5-1-3所示。

1．主电路分析

主轴电动机M1是一台双速电动机，用来驱动主轴旋转运动以及进给运动。接触器KM1、KM2分别实现正、反转控制，接触器KM3实现制动电阻R的切换，KM4实现低速控制和制动控制，使电动机定子绕组接成三角形（△），此时的电动机转速$n=1440r/min$，KM5实现高速控制，使电动机M1定子绕组接成双星形（YY），此时的电动机转速$n=2880r/min$，熔断器FU1作为短路保护，热继电器FR作为过载保护。

快速进给电动机M2用来驱动主轴箱、工作台等部件快速移动，它由接触器KM6、KM7分别控制实现正/反转，由于短时工作，故不需要过载保护，熔断器FU2作为短路保护。

2．控制电路分析

控制电路由控制变压器TC提供110V电压作为电源，熔断器FU3作为短路保护。主轴电动机M1的控制包括正/反转控制、制动控制、高低速控制、点动控制以及变速冲动控制。T68型卧式镗床在工作过程中，各个位置开关处于相应的通、断状态。

各位置开关的作用及工作状态见表5-1-1。

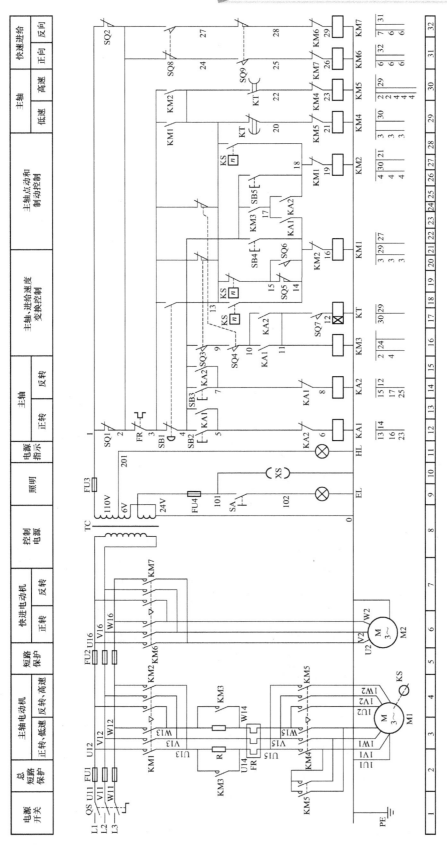

图 5-1-3 T68 型卧式镗床电气原理图

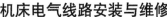

表 5-1-1　T68 型卧式镗床位置开关的作用及工作状态

位置开关	作　用	工作状态
SQ1	工作台、主轴箱进给连锁保护	工作台、主轴箱进给时，触点断开
SQ2	主轴进给连锁保护	主轴进给时，触点断开
SQ3	主轴变速	主轴没变速时，常开触点被压合，常闭触点断开
SQ4	进给变速	进给没变速时，常开触点被压合，常闭触点断开
SQ5	主轴变速冲动	主轴变速后，手柄推不上时触点被压合
SQ6	进给变速冲动	进给变速后，手柄推不上时触点被压合
SQ7	高、低速转换控制	高速时触点被压合，低速时断开
SQ8	反向快速进给	反向快速进给时，常开触点被压合，常闭断开
SQ9	正向快速进给	正向快速进给时，常开触点被压合，常闭断开

任务准备

实施本任务所需准备的工具、仪表及设备如下。

（1）工具：扳手、螺钉旋具、尖嘴钳、剥线钳、电工刀、验电笔和铅笔及绘图工具等。

（2）仪表：万用表、兆欧表、钳形电流表。

（3）设备：T68 型卧式镗床。

（4）T68 型卧式镗床的电气元件明细表见表 5-1-2。

表 5-1-2　T68 型卧式镗床电气元件明细表

元件代号	图上区号	名称	型号规格	数量	用途	备注
M1	3	主轴电动机	JD02-51-4/2、5.5/7.5kW	1	主传动用	1460/2880 r/min、D2
M2	6	快速进给电动机	J02-32-4、3kW、1430r/min	1	机床各部分的快速移动	D2
QS	1	组合开关	HZ2-60/3、60A、三极	1	电源引入	
SA	9	组合开关	HZ2-10/3、10A、三极	1	照明开关	
FU1	2	熔断器	RL1-60/40	3	总短路保护	配熔体 40A
FU2	5	熔断器	RL1-15/15.4	3	M2 短路保护	
FU3	9	熔断器	RL1-15/15.4	1	110V 控制电路短路保护	
FU4	9	熔断器	RL1-15/15.4	1	照明电路短路保护	
KM1	21	交流接触器	CJ0-40、线圈电压 110V、50Hz	1	控制 M1 正转	
KM2	27	交流接触器	CJ0-40、线圈电压 110V、50Hz	1	控制 M1 反转	
KM3	16	交流接触器	CJ0-20、线圈电压 110V、50Hz	1	控制 M1（短接 R）	
KM4	29	交流接触器	CJ0-40、线圈电压 110V、50Hz	1	控制 M1 低速	
KM5	30	交流接触器	CJ0-40、线圈电压 110V、50Hz	1	控制 M1 高速	
KM6	31	交流接触器	CJ0-20、线圈电压 110V、50Hz	1	控制 M2 正转	
KM7	32	交流接触器	CJ0-20、线圈电压 110V、50Hz	1	控制 M2 反转	
KT	17	时间继电器	JS7-2A、线圈电压 110V、50Hz	1	控制 M1 高低速	整定时间 3 s
KA1	12	中间继电器	JZ7-44、线圈电压 110V、50Hz	1	控制 M1 正转	
KA2	14	中间继电器	JZ7-44、线圈电压 110V、50Hz	1	控制 M1 反转	
TC	8	控制变压器	BK-300、380V/110V、24V、6V	1	控制电源	

续表

元件代号	图上区号	名称	型号规格	数量	用途	备注
FR	3	热继电器	JR0-10/3D、整定电流 16A	1	M1 过载保护	
KS	4	速度继电器	JY-1、500V、2A	1	主轴制动用	
R	3	电阻器	ZB-0.9、0.9Ω	2	限流电阻	
SB1	12	按钮	LA2、380V5A	1	主轴停止	
SB2	12	按钮	LA2、380V5A	1	主轴正向启动	
SB3	14	按钮	LA2、380V5A	1	主轴反向启动	
SB4	22	按钮	LA2、380V5A	1	主轴正向点动	
SB5	26	按钮	LA2、380V5A	1	主轴反向点动	
SQ1	12	行程开关	LX1-11H	1	主轴连锁保护	
SQ2	32	行程开关	LX3-11K	1	主轴连锁保护	
SQ3	16	行程开关	LX1-11K	1	主轴变速控制	开启式
SQ4	16	行程开关	LX1-11K	1	进给变速控制	开启式
SQ5	19	行程开关	LX1-11K	1	主轴变速控制	开启式
SQ6	20	行程开关	LX1-11K	1	进给变速控制	开启式
SQ7	17	行程开关	LX5-11	1	高速控制	
SQ8	31	行程开关	LX3-11K	1	反向快速进给	开启式
SQ9	31	行程开关	LX3-11K	1	正向快速进给	开启式
XS	10	插座	T 形	1		专用插座
EL	9	机床工作灯	K-1　螺口	1	工作照明	配 24V、40W 灯泡
HL	11	指示灯	DX1-0　白色	1	电源指示	配 6V、0.15A 灯泡

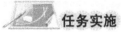 任务实施

一、分析绘制元器件布置图和接线图

通过观察 T68 型卧式镗床的结构和控制元器件的位置，绘制出元器件布置图，如图 5-1-4 所示。

二、根据元件布置图逐一核对所有低压电气元件

按照元件布置图在机床上逐一找到所有电气元件，并在图纸上逐一做出标志，操作要求如下。

（1）此项操作断电进行。

（2）在核对过程中，观察并记录该电气元件的型号及安装方法。

（3）观察每个电气元件的线路连接方法。

（4）使用万用表测量各元件触点操作前后的通断情况并做记录。

三、测绘 T68 型卧式镗床的电气接线图

根据测绘步骤测绘出的 T68 型卧式镗床的电气接线图如图 5-1-5 所示。

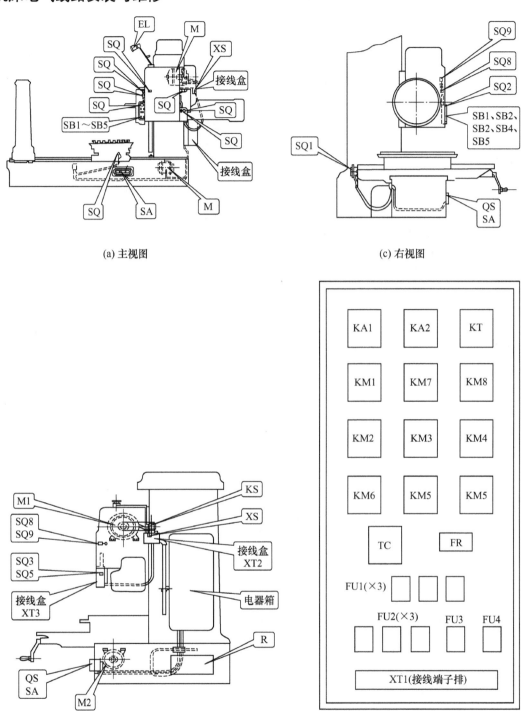

(a) 主视图

(c) 右视图

(b) 左视图

(d) 电气箱元器件布置图

图 5-1-4　T68 型卧式镗床的电器位置

四、T68 型卧式镗床电气控制线路的安装

根据图 5-1-3 所示的电气原理图和图 5-1-5 所示的电气接线图进行电气线路的安装。

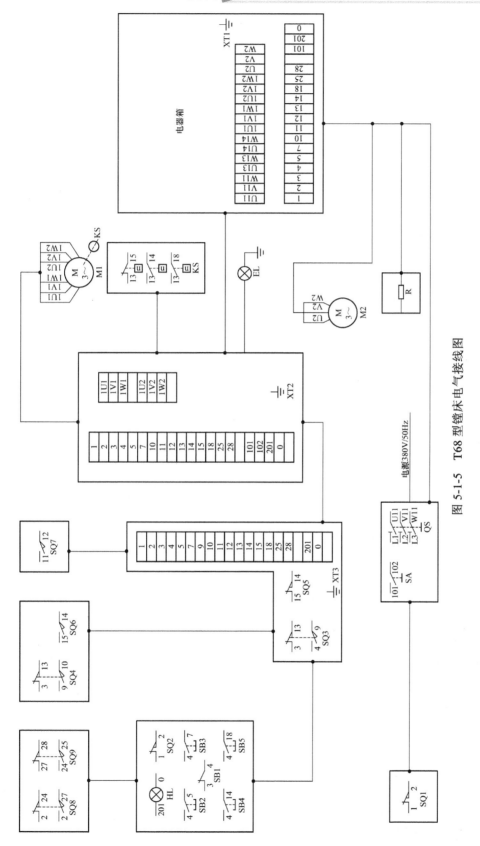

图 5-1-5 T68 型镗床电气接线图

五、操作并调试 T68 型卧式镗床

操作调试 T68 型卧式镗床的方法步骤如下。

（1）先检查各锁紧装置，并置于"松开"的位置。

（2）选择好所需要的主轴转速。拉出手柄转动 180°，旋转手柄，选定转速后，推回手柄至原位即可。

（3）选择好进给所需要的进给转速。拉出进给手柄转动 180°，旋转手柄，选定转速后，推回手柄至原位即可。

（4）合上电源开关，电源指示灯亮，再把照明开关合上，局部工作照明灯亮。

（5）调整主轴箱的位置。

进给选择手柄置于位置"1"，向外拉快速操作手柄，主轴箱向上运动，向里推快速操作手柄，主轴箱向下运动，松开快速操作手柄，主轴箱停止运动。

（6）调整工作台的位置。

① 进给选择手柄从位置"1"顺时针扳到位置"2"，向外拉快速操作手柄，上溜板带动工作台向左运动，向里推快速操作手柄，上溜板带动工作台向右运动，松开快速操作手柄，工作台停止运动。

② 进给选择手柄从位置"2"顺时针扳到位置"3"，向外拉快速操作手柄，下溜板带动工作台向前运动，向里推快速操作手柄，下溜板带动工作台向后运动，松开快速操作手柄，工作台停止运动。

（7）主轴电动机正、反向点动控制。

① 按下正向点动按钮，主轴电动机正向低速转动，松开正向点动按钮，主轴电动机停转。

② 按下反向点动按钮，主轴电动机反向低速转动，松开反向点动按钮，主轴电动机停转。

（8）主轴电动机正、反向低速转动控制。

① 按下正向启动按钮，主轴电动机正向低速转动，按下停止按钮，主轴电动机反接制动而迅速停车。

② 按下反向启动按钮，主轴电动机反向低速转动，按停止按钮，主轴电动机反接制动而迅速停车。

（9）主轴电动机正、反向高速转动控制。

① 将主轴变速操作手柄转至"高速"位置，拉出手柄转动 180°，旋转手柄，选定转速后，推回手柄至原位即可。

② 按下正向启动按钮，主轴电动机正向低速启动，主轴电动机经延时启动后，转为高速运行，按下停止按钮，主轴电动机实行反接制动而迅速停车。

③ 按下反向启动按钮，主轴电动机反向低速启动，经延时启动后，主轴电动机转为高速运行，按下停止按钮，主轴电动机实行反接制动而迅速停车。

（10）主轴变速控制。

主轴需要变速时可不必按停止按钮，只要将主轴变速机构操作手柄拉出转动 180°，旋转手柄，选定转速后，推回手柄至原位即可。

（11）进给变速控制。

需要进给变速时可不必按停止按钮，只要将进给变速机构操作手柄拉出转动 180°，旋转手柄，选定转速后，推回手柄至原位即可。

操作提示

（1）进车间前要穿戴好安全防护用品，防止安全事故的发生。

（2）T68 卧式镗床的操作较为复杂，需要认真观摩教师操作示范，重点观察主轴变速盘的操作、进给变速的操作以及操作过程中位置开关的吸合状态；同时还要注意观察速度继电器的自然状态以及运行的偏摆方向。

（3）在操作过程中，注意观察主轴电动机高低速运行过程、停车制动、点动、变速冲动的动作过程；同时观察快速移动控制和操作过程。

（4）学生在试机操作练习时，必须在教师的现场指导和监护下进行。

检查评议

对任务实施的完成情况进行检查，并将结果填入任务测评表 5-1-3 中。

表 5-1-3　任务测评表

序号	主要内容	考核要求	评分标准	配分	扣分	得分
1	电气测绘	测绘出镗床电气安装接线图	（1）按照机床电气测绘的原则、方法和步骤进行电气测绘，并测绘出电气安装接线图，不按规定做扣 5～10 分 （2）测绘出的电气安装接线图正确，图形符号和文字符号标注规范，符号标注错误，每个扣 1 分；线路图不正确，每项扣 5 分。直到扣完本项分数	20		
2	安装前的检查	电气元件的检查	电气元件漏检或错检，每处扣 2 分	5		
3	电气线路安装	根据电气安装接线图和电气原理图进行电气线路的安装	（1）电气元件安装合理、牢固，否则每个扣 2 分，损坏电气元件，每个扣 10 分，电动机安装不符合要求，每个扣 5 分 （2）板前配线合理、整齐美观，否则每处扣 2 分 （3）按图接线，功能齐全，否则扣 20 分 （4）控制配电板与机床电气部件的连接导线敷设符合要求，否则每根扣 3 分 （5）漏接接地线扣 10 分	35		
4	通电试车	按照正确的方法进行试车调试	（1）热继电器未整定或整定错误，每只扣 5 分 （2）通电试车的方法和步骤正确，否则每项扣 5 分 （3）试车不成功扣 30 分	30		
5	安全文明生产	（1）严格执行车间安全操作规程 （2）保持实习场地整洁，秩序井然	（1）发生安全事故扣 30 分 （2）违反文明生产要求视情况扣 5～20 分	10		
工时	12h	其中控制配电板的板前配线 5h，上机安装与调试 7h；每超过 5min 扣 5 分	合　计			
开始时间			结束时间	成　绩		

任务 2　T68 型镗床主轴启动、点动及制动控制电气故障检修

 学习目标

知识目标：

1. 了解 T68 型镗床主轴启动、点动及制动控制的工作原理。

2. 掌握 T68 型镗床主轴启动、点动及制动电气控制线路常见电气故障的分析和检测方法。

能力目标：

能熟练检修 T68 型镗床主轴启动、点动及制动电气控制线路的常见故障。

素质目标：

养成独立思考和动手操作的习惯，培养小组协调能力和互相学习的精神。

 工作任务

T68 型卧式镗床的主轴电动机 M1 的控制包括正反转控制、制动控制、高低速控制、点动控制以及变速冲动控制。其主轴调速范围大，故主轴电动机采用"△—YY"双速电动机，用于拖动主运动和进给运动。

本次任务是：通过常用机床电气设备的维修要求、检修方法和维修的步骤，进行 T68 镗床主轴电动机点动控制、正反转控制以及制动控制线路电气故障检修。

 **相关知识**

一、主轴电动机启动及点动电气控制线路

1. 主轴点动控制

T68 型卧式镗床主轴电动机 M1 的点动控制主要由正、反转点动按钮 SB3、SB4 和正、反转接触器 KM1、KM2 和接触器 KM4 组成在低速挡接线下的点动控制，其简化后的电气控制电路如图 5-2-1 所示。

1）主轴电动机正向点动控制

主轴电动机正向点动控制是由正向点动按钮 SB4、接触器 KM1 和 KM4（使 M1 形成三角形，低速运转）实现的。其工作原理如下。

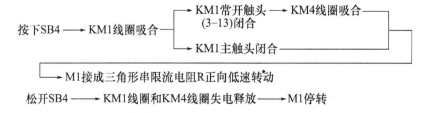

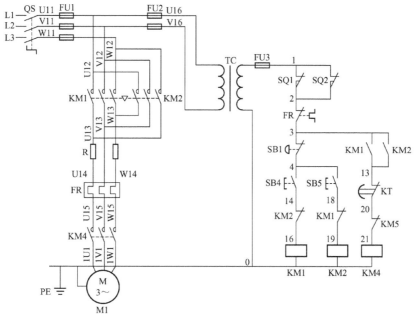

图 5-2-1　主轴电动机 M1 的点动控制电路

2）主轴电动机反向点动控制

主轴电动机反向点动控制与正向点动控制的动作过程相似，但参与控制的电气是反向点动按钮 SB5 和接触器 KM2 和 KM4，其工作原理读者可自行分析，在此不再赘述。

2. 主轴电动机正、反向低速运行控制

正常工作时，变速位置开关 SQ1～SQ4 皆被压下，它们的常开触点闭合，而常闭触点断开。正、反转启动按钮 SB2、SB3，正、反转启动的中间继电器 KA1、KA2 及正、反转控制接触器 KM1、KM2 组成主轴的启动控制电路，如图 5-2-2 所示。

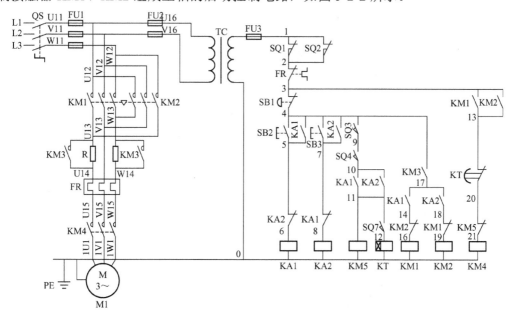

图 5-2-2　主轴电动机正、反向低速运行控制电路

1）主轴电动机低速正转控制

位置开关 SQ 未被压下，触点处于断开状态，SQ1、SQ3 常闭触点处于闭合状态，其工作原理如下。

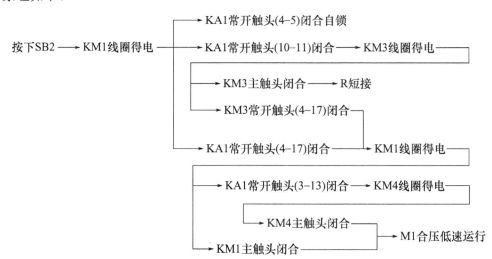

2）主轴电动机低速反转控制

主轴电动机低速反转控制与低速正转控制类似，但参与控制的电气是反向启动按钮 SB3、中间继电器 KA2、接触器 KM2、KM3 和 KM4，其工作原理读者可自行分析，在此不再赘述。

3. 主轴电动机正、反向高速运行控制

简化后的主轴电动机正、反向高速运行控制电路如图 5-2-3 所示。为了减小启动电流，在进行主轴电动机正、反向高速运行控制时，先低速启动后，再转为高速运行。

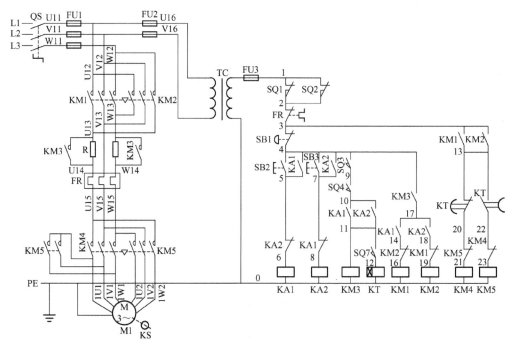

图 5-2-3　主轴电动机正、反向高速运行控制电路

1) 高速正转运行控制

操作时，首先将变速盘转至"高速"位置，压下限位开关 SQ7，其常开触头 SQ7（11-12）闭合。其工作原理如下。

【低速启动】

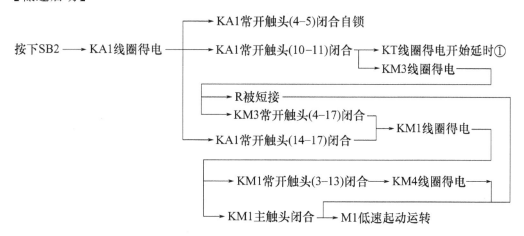

【高速运行】

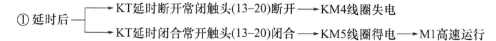

2) 高速反转运行控制

高速反转运行控制与高速正转运行控制类似，但参与控制的电器为反转高速启动按钮 SB3，中间继电器 KA2、接触器 KM2、KM3 和 KM4、KM5，其工作原理读者可自行分析，在此不再赘述。

二、主轴反接制动电气控制线路

T68 型卧式镗床主轴电动机停车制动采用由速度继电器 KS、串电阻的双向低速反接制动。若 M1 为高速转动，则转为低速后再制动。其简化后的控制电路如图 5-2-4 所示。

1. 主轴电动机高速正转反接制动控制

主轴电动机 M1 高速运转时（参见图 5-2-3），位置开关 SQ7（11-12）常开触点闭合，KA1、KM3、KM1、KT、KM5 等线圈均得电动作。当主轴正转速度高于 120r/min 时，速度继电器 KS 的正转常开触点 KS（13-18）闭合，为停车时反接制动做好准备；当需要停止时，只需按下停止按钮 SB1，即可实现反接制动停车，其工作原理如下。

2. 主轴电动机高速反转反接制动控制

主轴电动机高速反转反接制动控制的制动过程与高速正转反接制动控制的制动过程相似，但参与控制的电器是速度继电器的反转常开触点 KS（13-14）、接触器 KM1 和 KM4。其工作原理读者可自行分析，在此不再赘述。

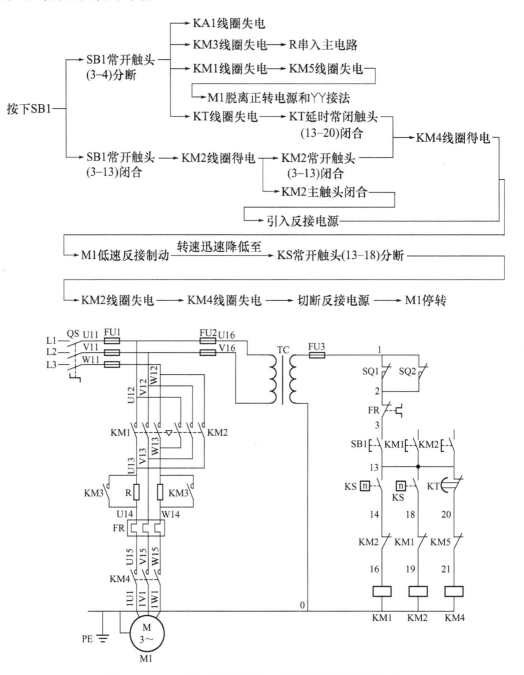

图 5-2-4　T68 型卧式镗床主轴电动机停车制动控制电路

三、主轴电动机常见电气故障分析与检修

主轴电动机最常见的故障为 M1 不能正常运转，主要有以下几种现象。

1. 主轴只有一个方向能启动，另一个方向不能启动

这种故障的主要原因是不能启动方向的按钮和接触器的故障。

2．主轴正、反转都不能启动

检查熔断器 FU1 和 FU2、热继电器 FR 是否完好，最后再检查接触器 KM3 能否吸合，因为无论正、反转，高速或低速，都必须通过 KM3 的动作才能启动。

3．主轴电动机只有低速挡，没有高速挡

这种故障主要是由于时间继电器 KT 失灵，KT 延时闭合触头接触不好，或者位置开关 SQ7 安装位置移动，造成 SQ7 总是处于断开状态。

4．主轴电动机启动在高速挡，但运行在低速挡

这种故障主要是由于时间继电器 KT 动作后，延时部分不动作，可能延时胶木推杆断裂或推动装置不能推动延时触点动作，造成 KM4 一直处于通电吸合状态，而 KM5 不能通电吸合。

5．电动机高速挡时，在低速启动后不能向高速转移而自动停止

这种故障主要是由于时间继电器 KT 动作后，KT 延时闭合触头接触不良，KM4 常闭触头（30 区）接触不良，KM5 线圈不能吸合等原因造成电动机低速启动后而自动停车。

主轴电动机常见故障的分析和处理方法和车床、铣床大致相同。先要观察故障现象，再运用逻辑分析法判断故障范围，如图 5-2-5 所示是按下启动按钮 SB2 后，电动机 M1 不能正常运转的检修流程。

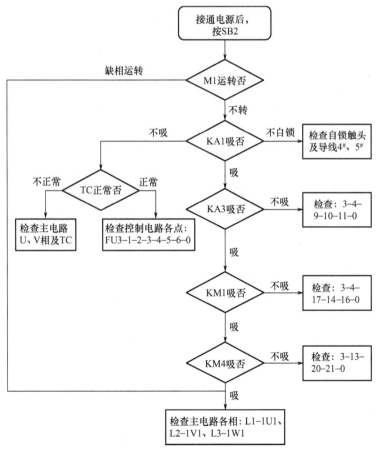

图 5-2-5　主轴电动机检修流程

任务准备

实施本任务教学所使用的实训设备及工具材料见表 5-2-1。

表 5-2-1　实训设备及工具材料

序号	分类	名称	型号规格	数量	单位	备注
1	工具	电工常用工具		1	套	
2	仪表	万用表	MF47 型	1	块	
3		兆欧表	500V	1	只	
4		钳形电流表		1	只	
5	设备器材	T68 型卧式镗床或模拟机床线路板		1	台	

任务实施

一、熟悉 T68 型镗床主轴启动、点动及制动电气控制线路

在教师的指导下，根据前面任务测绘出的 T68 型镗床的电气接线图和电器位置图，在镗床上找出主轴启动、点动及制动的电气控制线路实际走线路径，并与如图 5-1-3 所示的电气线路图进行比较，为故障分析和检修做好准备。

二、T68 型镗床主轴启动、点动及制动电气控制线路

第一，由教师在 T68 型卧式镗床（或镗床模拟实训台）的主轴启动、点动及制动控制线路上，人为设置自然故障点，并进行故障分析和故障检修操作示范，让学生仔细观察教师示范检修过程。第二，在教师的指导下，让学生分组自行完成故障点的检修实训任务。T68 型卧式镗床主轴启动、点动及制动的电气控制线路常见故障现象和检修方法如下。

1. 主轴电动机 M1 主电路故障分析及检修

【故障现象】合上电源开关 QS，按下低速正向启动按钮 SB2 时，KA1、KM3、KM1和 KM4 依次得电，电动机 M1 正向低速启动运转，再按下停止按钮 SB1，M1 不能立即停转，仍然沿着原来的方向继续转动；然后按下低速反向启动按钮 SB3 时，KA2、KM3、KM2和 KM4 也依次得电，但电动机 M1 不能反向启动运行，继续沿着原来的方向转动，并发出"嗡嗡"声。

【故障分析】遇到该故障现象时，应立即按下主轴停止按钮 SB1 或切断电源；然后通过逻辑分析法可用点画线画出该故障的最小范围，如图 5-2-6 所示。

【检修方法】从图 5-2-6 所示的故障最小范围可知，这是反转主电路的故障，检修时，可以接触器 KM2 的主触头为分界点，主触头的上方采用电压法进行测量，主触头的下方采用万用表测量通路的办法进行测量，找出故障点，然后排除故障。

想一想练一练

若按下低速反向启动按钮 SB3 时，KA2、KM3、KM2 和 KM4 依次得电，电动机 M1反向低速启动运转，然后按下停止按钮 SB1，M1 不能立即停转，仍然沿着原来的方向继

续转动；再按下低速正向启动按钮 SB2，KA1、KM3、KM1 和 KM4 也依次得电，但电动机 M1 不能正向启动运行，继续沿着原来的方向转动，并发出"嗡嗡"声。试画出故障最小范围，并说出检修方法。

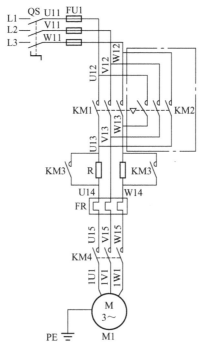

图 5-2-6　故障最小范围 1

2. 主轴电动机控制电路故障分析及检修

【故障现象 1】在低速启动时，按下正转低速启动按钮 SB2，主轴电动机 M1 不能启动，但按下正转点动按钮 SB4 时，主轴电动机 M1 能启动运转。

【故障分析】通过逻辑分析法可知，造成这一故障的主要电气元件是中间继电器 KA1，因此，试机时应观察按下正转低速启动按钮 SB2，中间继电器 KA1 是否动作。若中间继电器 KA1 不动作，则故障最小范围如图 5-2-7(a)所示。若按下正转低速启动按钮 SB2，中间继电器 KA1 动作，则故障最小范围如图 5-2-7(b)所示。

【检修方法】根据图 5-2-7 所示的故障最小范围，可以采用电压测量法或者采用验电笔测量法进行检测。可参照前面任务所介绍的检测方法进行操作，在此不再赘述。

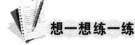 想一想练一练

在低速启动时，按下反转低速启动按钮 SB3，主轴电动机 M1 不能启动，但按下反转点动按钮 SB5 时，主轴电动机 M1 能启动运转。试画出故障最小范围，并说出检修方法。

【故障现象 2】高速运行时，无论是按下正转启动按钮 SB2，还是按下反转启动按钮 SB3，主轴电动机 M1 都能低速启动，延时一定的时间后，M1 自动停车，不能高速运行。

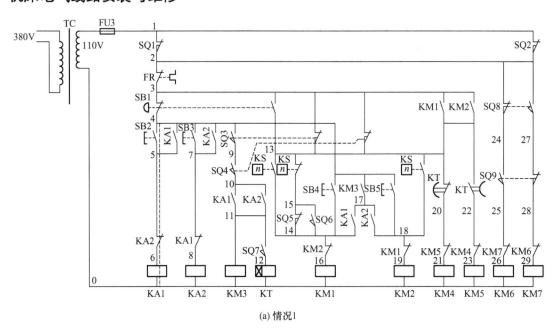

(a) 情况1

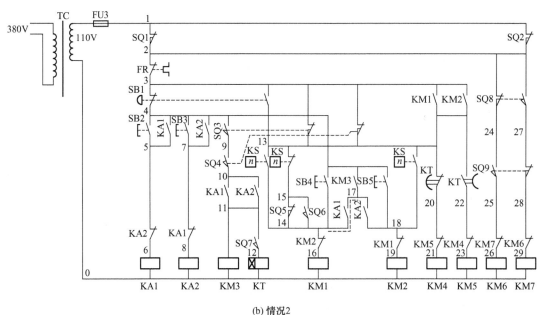

(b) 情况2

图 5-2-7 故障最小范围 2

【故障分析】通过逻辑分析法可画出故障最小范围，如图 5-2-8 所示。

【检修方法】根据如图 5-2-8 所示的故障最小范围，可以采用电压测量法或者采用验电笔测量法进行检测。可参照前面任务所介绍的检测方法进行操作，在此不再赘述。

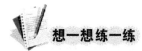想一想练一练

（1）高速运行时，按下反转启动按钮 SB3，主轴电动机 M1 都能低速启动，延时一定

的时间后，M1 自动转为高速运行。但按下正转启动按钮 SB2，主轴电动机 M1 都能低速启动，延时一定的时间后，M1 自动停车，不能高速运行。试画出故障最小范围，并说出检修方法。

（2）高速运行时，按下正转启动按钮 SB2，主轴电动机 M1 都能低速启动，延时一定的时间后，M1 自动转为高速运行。但按下反转启动按钮 SB3，主轴电动机 M1 都能低速启动，延时一定的时间后，M1 自动停车，不能高速运行。试画出故障最小范围，并说出检修方法。

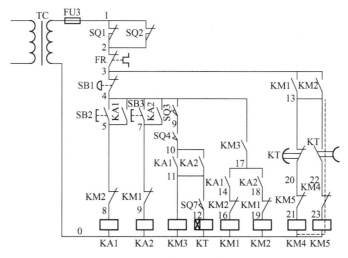

图 5-2-8　故障最小范围 3

【故障现象 3】合上电源开关 QS，按下正转启动按钮 SB2，主轴电动机 M1 正向启动运行，按下停止按钮 SB1，M1 惯性停车无反接制动；按下反转按钮 SB3，M1 反向启动运行，按下停止按钮 SB1，M1 受制动而迅速停车。

【故障分析】通过逻辑分析法可画出故障最小范围，如图 5-2-9 所示。

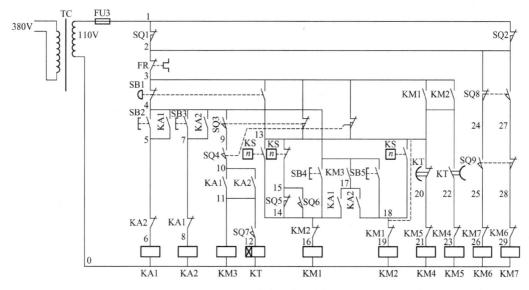

图 5-2-9　故障最小范围 4

【检修方法】根据图 5-2-9 所示的故障最小范围，可以采用电压测量法或者采用验电笔测量法进行检测。可参照前面任务所介绍的检测方法进行操作，在此不再赘述。

想一想练一练

合上电源开关 QS，按下反转启动按钮 SB3，主轴电动机 M1 反向启动运行，按下停止按钮 SB1，M1 惯性停车无反接制动；按下正转按钮 SB2，M1 正向启动运行，按下停止按钮 SB1，M1 受制动而迅速停车。试画出故障最小范围，并说出检修方法。

检查评议

对任务的完成情况进行检查，并将结果填入任务测评表 5-2-2。

表 5-2-2　任务测评表

序号	考核内容	考核要求	评分标准	配分	扣分	得分
1	故障现象	正确观察镗床的故障现象	能正确观察镗床的故障现象，若故障现象判断错误，每个故障扣 10 分	20		
2	故障范围	用虚线在电气原理图中画出最小故障范围	能用虚线在电气原理图中画出最小故障范围，错判故障范围，每个故障扣 10 分；未缩小到最小故障范围，每个扣 5 分	20		
3	检修方法	检修步骤正确	（1）仪表和工具使用正确，否则每次扣 5 分 （2）检修步骤正确，否则每处扣 5 分	30		
4	故障排除	故障排除完全	故障排除完全，否则每个扣 10 分；不能查出故障点，每个故障扣 20 分；若扩大故障，每个扣 20 分，若损坏电气元件，每只扣 10 分	30		
5	安全文明生产	（1）严格执行车间安全操作规程 （2）保持实习场地整洁，秩序井然	（1）发生安全事故扣 30 分 （2）违反文明生产要求视情况扣 5～20 分			
工时	30min	合　　计				
开始时间		结束时间		成　绩		

任务 3　T68 型镗床主轴变速或进给变速时冲动电路、快速进给及辅助电路故障维修

学习目标

知识目标：

1. 了解 T68 型镗床主轴变速或进给变速时冲动电路、快速进给及辅助电路的工作原理。

2. 掌握 T68 型镗床主轴变速或进给变速时冲动电路、快速进给及辅助电路常见电气故障的分析和检测方法。

能力目标：

能熟练检修 T68 型镗床主轴变速或进给变速时冲动电路、快速进给及辅助电路的常见故障。

素质目标：

养成独立思考和动手操作的习惯，培养小组协调能力和互相学习的精神。

 工作任务

T68 型镗床的主运动与进给运动的速度变换，是用变速操作盘来调节改变变速传动系统而得到的。T68 型镗床主轴变速和进给变速既可在主轴与进给电动机中预选速度，也可在电动机运行中进行变速。

为了缩短辅助时间，机床各部件的快速移动，由快速移动操作手柄控制，通过快速移动电动机 M2 拖动。运动部件及其运动方向的确定由装设在工作台前方的操作手柄操作，而控制则用镗头架上的快速操纵手柄控制。

本次任务是：通过常用机床电气设备的维修要求、检修方法和维修的步骤，进行 T68 型镗床主轴变速或进给变速时冲动电路以及快速进给及辅助电路电气故障检修。

 **相关知识**

一、主轴变速或进给变速冲动电气控制线路

T68 型镗床主轴变速和进给变速分别由各自的变速孔盘机构进行调速。调速既可在主轴电动机 M1 停车时进行，也可在 M1 转动时进行（先自动使 M1 停车调速，再自动使 M1 转动）。调速时，使 M1 冲动以方便齿轮顺利啮合。

1. 主轴变速原理分析

从 T68 型镗床电气原理图中分解出 M1 停车时主轴变速冲动控制电路，如图 5-3-1 所示。

1）变速孔盘机构操作过程

$$手柄在原位 \longrightarrow 拉出手柄—转动孔盘 \xrightarrow{齿轮啮合} 推入手柄$$

2）电路控制过程

$$原速（低速或高速）\longrightarrow 反接制动 \xrightarrow{冲动} 原速（低速或再转高速）$$

3）M1 在主轴变速时的冲动控制

（1）手柄在原位：M1 停转，KS 常闭触头（13-15）闭合，位置开关 SQ3 和 SQ5 被压动，它们的常闭触头 SQ3（3-13）和常闭触头 SQ5（15-14）分断。

（2）拉出手柄，转动变速盘：SQ3 和 SQ5 复位，KM1 线圈经（1→2→3→13→15→14→16→0）得电，KM4 线圈经（1→2→3→13→20→21→0）得电动作，M1 经限流电阻 R(KM3 未得电)接成三角形低速正向旋转。

当 M1 转速升高到一定值（120r/min）时，KS 常闭触头（13-15）分断，KM1 线圈失

电释放，M1 脱离正转电源；由于 KS 常开触头（13-18）闭合，KM2 线圈经(1→2→3→13→18→19→0)得电动作，M1 反接制动。

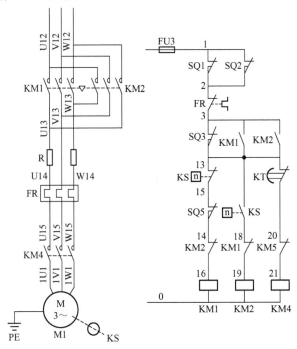

图 5-3-1　M1 停车时主轴变速冲动控制线路

当 M1 转速下降到一定值（100r/min）时，KS 常开触头（13-18）分断，KM2 线圈失电释放；KS 常闭触头闭合，KM1 线圈又得电动作，M1 又恢复启动。

M1 重复上述过程，间歇地启动与反接制动，处于冲动状态，有利于齿轮良好啮合。

（3）推回手柄：只有在齿轮啮合后，才可能推回手柄。压动 SQ3 和 SQ5，SQ3 常开触头(4-9)闭合，SQ3 常闭触头(3-13)和 SQ5 常闭触头(15-14)分断，切断 M1 的电源，M1 停转。

4）M1 在高速正向转动时主轴变速控制

（1）手柄在原位：压动 SQ3 和 SQ5。这时 M1 在 KA1、KM3、KT、KM1、KM5 等线圈得电动作，KS1 常开触头（13-18）在闭合的情况下高速正向转动（如图 5-2-3 所示）。

（2）拉出手柄，转动变速孔盘：SQ3 和 SQ5 复位，它们的常开触头分断，SQ3 常闭触头（3-13）和 SQ5 常闭触头（15-14）闭合，使 KM3、KT1 线圈失电，进而使 KM1、KM5 线圈也失电，切断 M1 的电源。

继而 KM2 和 KM4 线圈得电动作，M1 串入限流电阻 R 反接制动。当制动结束，由于 KS 常闭触头（13-15）闭合，KM1 线圈得电控制 M1 正向低速冲动，以利齿轮啮合。

（3）推回手柄：如齿轮已啮合，才可能推回手柄。SQ3 和 SQ5 又被压动，KM3、KT、KM1、KM4 等线圈得电动作，M1 先正向低速启动，后在 KT 的控制下，自动变为高速（新转速）转动。

2. 进给变速原理分析

进给变速工作原理与主轴变速时相似。拉出进给变速手柄，使限位开关 SQ4 和 SQ6 复位，推入手柄则压动它们。

3. 实际走线路径分析

（1）主电路部分。与主轴点动控制线路相同，不再赘述。

（2）控制电路部分。KM1线圈回路如下。

FR常闭触头 $\xrightarrow{3^{\#}}$ XT1 $\xrightarrow{3^{\#}}$ XT2 $\xrightarrow{3^{\#}}$ XT3 $\xrightarrow{3^{\#}}$ SQ3常闭触头 $\xrightarrow{13^{\#}}$ XT3 $\xrightarrow{13^{\#}}$

$\xrightarrow{13^{\#}}$ XT2 $\xrightarrow{13^{\#}}$ KS常闭触头 $\xrightarrow{15^{\#}}$ XT2 $\xrightarrow{15^{\#}}$ XT3 $\xrightarrow{15^{\#}}$ SQ2常闭触头 $\xrightarrow{14^{\#}}$

$\xrightarrow{14^{\#}}$ XT3 $\xrightarrow{14^{\#}}$ XT2 $\xrightarrow{14^{\#}}$ XT1 $\xrightarrow{14^{\#}}$ KM2常闭触头 $\xrightarrow{16^{\#}}$ KM1线圈 $\xrightarrow{0^{\#}}$ TC(110V)

KM2线圈回路如下。

FR常闭触头 $\xrightarrow{3^{\#}}$ XT1 $\xrightarrow{3^{\#}}$ XT2 $\xrightarrow{3^{\#}}$ XT3 $\xrightarrow{3^{\#}}$ SQ3常闭触头 $\xrightarrow{13^{\#}}$ XT3 $\xrightarrow{13^{\#}}$

$\xrightarrow{13^{\#}}$ XT2 $\xrightarrow{13^{\#}}$ KS常开触头 $\xrightarrow{18^{\#}}$ XT2 $\xrightarrow{18^{\#}}$ XT1 $\xrightarrow{18^{\#}}$ KM1常闭触头 $\xrightarrow{16^{\#}}$

$\xrightarrow{16^{\#}}$ KM2线圈 $\xrightarrow{0^{\#}}$ TC(110V)

KM4线圈回路与主轴点动控制线路相同，不再赘述。

二、刀架升降电气控制线路

1. T68型镗床刀架升降线路原理分析

简化后的T68型镗床主轴刀架升降电气控制线路如图5-3-2所示。

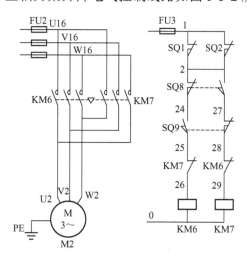

图5-3-2　主轴刀架升降电气控制线路

先将有关手柄板动，接通有关离合器，挂上有关方向的丝杆，然后由快速操纵手柄压动位置开关SQ8或SQ9，控制接触器KM6或KM7线圈动作，使快速移动电机M2正转或反转，拖动有关部件快速移动。

（1）将快速移动手柄扳到"正向"位置，压动SQ9，SQ9常开触头(24–25)闭合，KM6线圈经(1—2—24—25—26—0)得电动作，M2正向转动。

将手柄扳到中间位置，SQ9 复位，KM6 线圈失电释放，M2 停转。

（2）将快速手柄扳到"反向"位置，压动 SQ8、KM7 线圈得电动作，M2 反向转动。

2．主轴箱、工作台和主轴机动进给连锁

为防止工作台、主轴箱与主轴同时机动进给，损坏机床或刀具，在电气线路上采取了相互连锁措施。连锁是通过两个并联的限位开关 SQ1 和 SQ2 来实现的。

当工作台或主轴箱的操作手柄扳在机动进给时，压动 SQ1，SQ1 常闭触头（1-2）分断；此时如果将主轴或花盘刀架操作手柄扳在机动进给时，压动 SQ2，SQ2 常闭触头（1-2）分断。两个限位开关的常闭触头都分断，切断了整个控制电路的电源，于是 M1 和 M2 都不能运转。

二、辅助线路（照明、指示电路）

控制变压器 TC 的二次侧分别输出 24V 和 6V 电压（照明、指示电路参见图 5-1-3 中的 9 区、10 区、11 区），作为机床照明灯和指示灯的电源。EL 为机床的低压照明灯，由开关 SA 控制，FU4 作为短路保护；HL 为电源指示灯，当机床电源接通后，指示灯 HL 亮，表示机床可以工作。

三、常见电气故障分析和检修

1．主轴变速或进给变速冲动电气控制线路常见电气故障

T68 型镗床主轴变速电气故障有主轴变速手柄拉出后，主轴电动机 M1 不能冲动；或者变速完毕，合上手柄后，主轴电动机 M1 不能自动开车。

当主轴变速手柄拉出后，通过变速机构的杠杆、压板使位置开关 SQ3 动作，主轴电动机断电而制动停车。速度选好后推上手柄、位置开关动作，使主轴电动机低速冲动。位置开关 SQ3 和 SQ5 装在主轴箱下部，由于位置偏移，触头接触不良等原因而完不成上述动作。又因 SQ3、SQ5 是由胶木塑压成型的，由于质量等原因，有时绝缘击穿，造成手柄拉出后，SQ3 尽管已动作，但由短路接通，使主轴仍以原来转速旋转，此时变速将无法进行。

2．刀架升降电气控制线路常见电气故障

这部分电路比较简单，若无快速进给，则检查位置开关 SQ8 及 SQ9 和接触器 KM6 或 KM7 的触头和线圈是否完好；有时还需要检查机构是否正确的压动位置开关。

任务准备

实施本任务教学所使用的实训设备及工具材料见表 5-3-1。

表 5-3-1　实训设备及工具材料

序号	分类	名称	型号规格	数量	单位	备注
1	工具	电工常用工具		1	套	
2	仪表	万用表	MF47 型	1	块	
3		兆欧表	500V	1	只	
4		钳形电流表		1	只	
5	设备器材	T68 型镗床或模拟机床线路板		1	台	

 任务实施

一、熟悉 T68 型镗床主轴变速或进给变速时冲动电路、快速进给及辅助电路控制线路

在教师的指导下，根据前面任务测绘出的 T68 型镗床的电气接线图和电器位置图，在镗床上找出主轴变速或进给变速时冲动电路、快速进给及辅助电路控制线路实际走线路径，并与如图 5-1-3 所示的电气原理图进行比较，为故障分析和检修做好准备。

二、故障分析与检修

第一，由教师在 T68 型镗床（或模拟实训台）的电路上，人为设置自然故障点，并进行故障分析和故障检修操作示范，让学生仔细观察教师示范检修过程。第二，在教师的指导下，让学生分组自行完成故障点的检修实训任务。

【故障现象 1】合上电源开关 QS，主轴变速手柄拉出后，M1 能反接制动，但制动为零时不能进行低速冲动。

【故障分析】根据故障现象，可判断故障原因是 SQ3、SQ5 位置移动，触点接触不良等致使 SQ3（3–13）、SQ5（14–15）不能闭合或 KS 常闭触头不能闭合。读者可自行画出故障的最小范围。

【故障现象 2】合上电源开关 QS，按下按钮 SB2，主轴电动机 M1 启动运转，拉出主轴变速手柄，主轴电机 M1 仍以原来转向和转速旋转，M1 不能冲动。

【故障分析】根据故障现象，可判断故障原因是 SQ3 常闭触头不能分断而造成的。

【故障现象 3】合上电源开关 QS，将快速移动手柄扳到"正向"位置（即向外拉手柄），M2 运转；将手柄扳到中间位置，M2 停转；将快速移动手柄扳到"反向"位置（即向里推手柄），无吸合声，M2 不运转。

【故障分析】由于 M2 正转运行正常，反转运行不正常，并且 KM7 不吸合，可判断故障原因在以下的电流回路。

$$SQ8\text{常闭触头} \xrightarrow{2^{\#}} SQ8\text{常开触头} \xrightarrow{27^{\#}} SQ9\text{常闭触头} \xrightarrow{28^{\#}} XT3 \xrightarrow{28^{\#}}$$

$$\xrightarrow{} XT2 \xrightarrow{28^{\#}} XT1 \xrightarrow{28^{\#}} KM6\text{常闭触头} \xrightarrow{29^{\#}} KM7\text{线圈} \xrightarrow{0^{\#}} KM6\text{线圈}$$

 检查评议

对任务的完成情况进行检查，并将结果填入任务测评表 5-3-2。

表 5-3-2　任务测评表

序号	考核内容	考核要求	评分标准	配分	扣分	得分
1	故障现象	正确观察镗床的故障现象	能正确观察镗床的故障现象，若故障现象判断错误，每个故障扣 10 分	20		
2	故障范围	用虚线在电气原理图中画出最小故障范围	能用虚线在电气原理图中画出最小故障范围，错判故障范围，每个故障扣 10 分；未缩小到最小故障范围，每个扣 5 分	20		

续表

序号	考核内容	考核要求	评分标准	配分	扣分	得分
3	检修方法	检修步骤正确	(1)仪表和工具使用正确,否则每次扣5分 (2)检修步骤正确,否则每处扣5分	30		
4	故障排除	故障排除完全	故障排除完全,否则每个扣10分;不能查出故障点,每个故障扣20分;若扩大故障,每个扣20分,若损坏电气元件,每只扣10分	30		
5	安全文明生产	(1)严格执行车间安全操作规程 (2)保持实习场地整洁,秩序井然	(1)发生安全事故扣30分 (2)违反文明生产要求视情况扣5~20分			
工时	30min		合　计			
开始时间			结束时间		成　绩	

考证测试题

考工要求

行为领域	鉴定范围	鉴定点	重要程度
理论知识	较复杂机械设备的装调与维修知识	T68型卧式镗床电气系统的组成及工作特点	★★
		T68型卧式镗床电气控制电路的组成、原理和故障现象分析及排除方法	★★★
操作技能	测绘	T68型卧式镗床电气元件明细表的测绘	★★★
	设计、安装与调试	T68型卧式镗床试车操作调试	★★
	机床电气控制电路维修	T68型卧式镗床电气控制电路故障的检查、分析及排除	★★★

一、填空题（将正确的答案填在横线空白处）

1．T68 型卧式镗床主轴电动机在低速运行时接成_____形,由接触器_____控制;高速运行时接成_____形,由接触器_____和_____控制。

2．T68 型卧式镗床可以在运转过程中变速,变速时将变速手柄拉出,压断位置开关_____,电动机断电并制动。选择好转速后,将手柄推入,位置开关_____被释放,在此过程中,手柄通过弹簧将位置开关瞬时闭合又断开,然后闭合,这样可以产生一个_____启动的冲动,易于齿轮啮合。

3．T68 型卧式镗床快速电动机驱动的有_____、_____、_____和_____。

4．一台快速电动机驱动多种部件的快速移动,均由_____操作,每个手柄均可压着位置开关_____或_____,使电动机 M2 正转或反转,至于功率传向何处,完全由操作手柄控制。

二、选择题（将正确答案的序号填入括号内）

1．T68 型卧式镗床主轴电动机采用双速电动机是为了（　　）。

A．因为调速范围大,精简机械传动

B．加大切削功率

C．驱动镗杆和平旋盘，每一个转速驱动一个切削内容

2．T68 型卧式镗床主轴电动机快慢速由位置开关 SQ 决定，若调速手柄未压着 SQ，则电动机将处于（　　）；若调速手柄压着 SQ，则电动机将处于（　　）。

A．三角形接法，低速运转

B．双星形接法，高速运转

C．双星形接法，低速运转

3．T68 型卧式镗床主电动机高速运转前必须先低速启动的原因是（　　）。

A．减少机械冲击力

B．电动机功率较大，减小启动电流

C．提高电动机的输出功率

4．T68 型卧式镗床控制线路中位置开关 SQ4 用于（　　）。

A．变速冲动　　　　B．启动　　　　　　C．连锁保护

6．T68 型卧式镗床控制线路中位置开关 SQ5 和 SQ6 并联使用是用于（　　）。

A．冲动　　　　　B．增大触点通电能力　　　C．安全连锁保护

三、简答题

1．简述 T68 型卧式镗床主轴电动机高速启动运行的过程。

2．T68 型卧式镗床电气控制线路中，交流接触器 KM3 有何作用？

3．T68 型卧式镗床电气控制线路中，采用速度继电器有何目的？简述其控制原理。

四、技能题

题目一：对照 T68 型卧式镗床实物进行电气元件明细表的测绘，同时写出试车的基本操作步骤，并进行试车操作调试。

1．操作要求。

（1）根据对实物的测绘，将 T68 型卧式镗床的元器件的名称、型号规格、作用及数量填在自己设计的电气元件明细表中。

（2）请在试卷上写出 T68 型卧式镗床基本试车操作调试步骤。

（3）X62W 型万能铣床的试车操作调试。

2．操作时限：120min。

3．配分及评分标准。

评分标准

序号	考核内容	考核要求	评分标准	配分	扣分	得分
1	测绘	对 T68 型卧式镗床的电器名称位置、型号规格及作用进行测绘	（1）对电器位置、型号规格及作用表达不清楚，每只扣 5 分 （2）每漏测绘一个电器扣 5 分 （3）测绘过程中损坏元器件，每只扣 10 分	30		
2	调试步骤编写	试车操作调试步骤的编写	（1）每错、漏编写一个操作步骤扣 5 分 （2）不会写本项不得分	20		

序号	考核内容	考核要求	评分标准	配分	扣分	得分
3	试车	按照 T68 型卧式镗床正确的试车操作调试步骤进行操作试车	（1）试车操作步骤每错一次扣 5 分 （2）不会操作试车本项不得分	40		
4	安全文明生产	（1）遵守安全操作规程，正确使用工具，操作现场整洁 （2）安全用电，注意防火，无人身、设备事故	（1）不符合要求，每项扣 2 分，扣完为止 （2）因违规操作，发生触电、火灾、人身或设备事故，本题按 0 分处理	10		
工时	120min		合　计			
开始时间			结束时间		成　绩	

题目二： 在 T68 型卧式镗床实物（或模拟电气控制线路板）的电气控制线路上人为设置隐蔽的故障 3 处，请在规定的时间内，按照考核要求排除故障。

1．考核要求。

（1）根据故障现象在 T68 型卧式镗床电气控制线路图上，用虚线画出故障最小范围。

（2）检修方法及步骤正确合理，当故障排除后，请用"＊"在电气控制线路图中标出故障所在的位置。

（3）安全文明生产。

2．操作时限：30min。

3．配分及评标准。

评分标准

序号	考核内容	考核要求	评分标准	配分	扣分	得分
1	故障现象	正确观察镗床的故障现象	能正确观察镗床的故障现象，若故障现象判断错误，每个故障扣 10 分	10		
2	故障范围	用虚线在电气原理图中画出最小故障范围	能用虚线在电气原理图中画出最小故障范围，错判故障范围，每个故障扣 10 分；未缩小到最小故障范围，每个扣 5 分	20		
3	检修方法	检修步骤正确	（1）仪表和工具使用正确，否则每次扣 5 分 （2）检修步骤正确，否则每处扣 5 分	30		
4	故障排除	故障排除完全	故障排除完全，否则每个扣 10 分；不能查出故障点，每个故障扣 20 分；若扩大故障，每个扣 20 分，若损坏电气元件，每只扣 10 分	30		
5	安全文明生产	（1）严格执行安全操作规程 （2）保持考场整洁，秩序井然	（1）发生安全事故取消考试资格 （2）违反文明生产要求视情况扣 5～10 分	10		
工时	30min		合　计			
开始时间			结束时间		成　绩	

参 考 文 献

[1] 冯志坚，邢贵宁. 常用电力拖动控制电路安装与维修. 北京：机械工业出版社，2012.

[2] 徐铁，田伟. 电力拖动基本控制电路. 北京：机械工业出版社，2012.

[3] 李敬梅. 电力拖动控制电路与技能训练（第4版）. 北京：中国劳动社会保障出版社，2007.

[4] 杨杰忠. 电气基本控制电路的安装与检修. 北京：清华大学出版社，2014.

[5] 王兵. 常用机床电气检修. 北京：中国劳动社会保障出版社，2006.

反侵权盗版声明

　　电子工业出版社依法对本作品享有专有出版权。任何未经权利人书面许可，复制、销售或通过信息网络传播本作品的行为；歪曲、篡改、剽窃本作品的行为，均违反《中华人民共和国著作权法》，其行为人应承担相应的民事责任和行政责任，构成犯罪的，将被依法追究刑事责任。

　　为了维护市场秩序，保护权利人的合法权益，我社将依法查处和打击侵权盗版的单位和个人。欢迎社会各界人士积极举报侵权盗版行为，本社将奖励举报有功人员，并保证举报人的信息不被泄露。

举报电话：（010）88254396；（010）88258888

传　　真：（010）88254397

E-mail：　dbqq@phei.com.cn

通信地址：北京市海淀区万寿路 173 信箱
　　　　　电子工业出版社总编办公室

邮　　编：100036